走近科学

APPROACHES TO SCIENCE

CCTV 10

YUZHOU DIQIU

宇宙·地球

《走近科学》丛书编委会 编

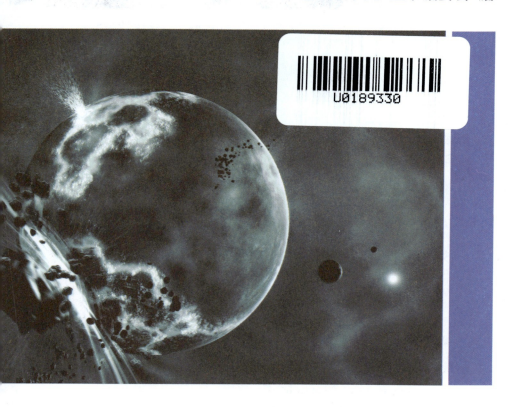

科学普及出版社

·北京·

YUZHOU

图书在版编目(CIP)数据

宇宙·地球/《走近科学》丛书编委会编.—北京：科学普及出版社，2013
（走近科学）

ISBN 978-7-110-06778-9

Ⅰ.宇...Ⅱ.走...Ⅲ.①宇宙–普及读物–②地球–普及读物 Ⅳ.P159-49 P183-49

中国版本图书馆CIP数据核字（2009）第011905号

科学普及出版社出版

北京市海淀区中关村南大街16号　邮政编码：100081

电话：010-62173865　传真：010-62179148

http://www.cspbooks.com.cn

科学普及出版社发行部发行

北京世汉凌云印刷有限公司印刷

*

开本：720毫米×1000毫米 1/16　印张：6.5　字数：130千字

2013年1月第2版　2013年1月第1次印刷

ISBN 978-7-110-06778-9/P·49

印数：1–5000册　定价：29.90元

DIQIU

YUZHOV DIQIU

前言

Qian yan

2001年7月，中国中央电视台科教频道（CCTV—10）随着国家"科教兴国"战略的实施应运而生。

科教频道传播现代科学知识，提倡先进教育理念，介绍中国和世界的优秀文化，逐步形成了鲜明的"教育品格，科学品质，文化品位"的频道特色，在社会上赢得了广泛的赞誉。几年来，《探索发现》、《绿色空间》、《人物》、《走近科学》、《天工开物》等众多电视栏目制作播出了大量脍炙人口的节目。这些充满了人类智慧，承载着古今中外文明果实的节目引发了观众对科学的兴趣，引导着观众走近科学。

科教频道播出以来，吸引了越来越多的忠实观众。但受电视传播转瞬即逝的局限，也使得许多人无法随自己的方便收视心仪的节目。对他们来说，订阅《走近科学》杂志便成了弥补不能及时收视这一缺憾的选择。

《走近科学》杂志是中国第一本电视科学杂志。它将中央电视台科教频道的优秀电视节目转化为平面媒体，伴随着科教频道的前进，探索了一条跨媒体科学文化传播的新路。

今天，我们又将《走近科学》杂志近年来刊载的最受读者喜爱、关注，最富趣味性和知识性的热点内容——科教频道优秀节目的结晶，分类结集成书，奉献给喜爱科教频道节目和喜爱《走近科学》杂志的广大观众与读者，以感谢你们对科教频道和《走近科学》杂志的厚爱与支持。

编　者
2009年3月

目录

LMu

溶洞

自地壳形成大气圈和水圈以来，自然界各种外力因素不断作用于地表岩石。它们一方面进行破坏性活动——风化和剥蚀；另一方面又进行建设性活动——沉积。人们常说"滴水可以穿石"，指的就是流水对岩石的侵蚀作用。在某些特定条件下，水是默默的建设者。历经悠悠岁月，水，造就了许多令人惊叹的溶洞奇观。

张家界

黄龙洞

黄龙洞传奇

1983年的一个清晨，湖南省张家界市附近一个小山村的8个年轻人结伴走进了村外的一个山洞。传说洞里有一条黄龙出没，没有人走到过洞的尽头。8个人携带着手电、干粮和水，决心要把黄龙洞探个究竟。他们在漆黑的洞穴里摸索潜行，走了一段时间，一些光怪陆离的景象突然出现在他们面前，让人胆战心惊。当然，也有一些美丽的东西让他们流连忘返。但是，他们没有过多的时间停留，只好加快步伐，希望半小时后能走到洞穴的尽头。当时，谁也没有想到黄龙洞会如此之大。后来专家告诉我们，黄龙洞是一个巨大的地上溶洞，其全长为15千米，底面积为20万平方米，当时8个年轻人再也没有走出溶洞，很有可能因为缺氧而倒下，或者迷失在错综复杂的迷宫中。

20多年过去了，今天的黄龙洞已经作为一个旅游景点对世人开放，许多见识过洞内奇异景观的旅游者在洞外的石墙上留下了自己的感慨。奇妙的

高30米的"龙宫"是黄龙洞最大的洞府

道，然后暗河逐渐加宽，水流下切，使洞穴越掏越大。我们乘船经过的河流可能是黄龙洞的肇始者之一。百万年以来，它不断冲刷着两侧的碳酸钙岩石，一步步地拓宽了大山底下狭窄的通道。

其次是地壳抬升。单靠流水的作用并不能形成如此广阔的洞穴。地壳的抬升在其中发挥了很大的作用。上亿年前，这里是海陆交汇处。那时，地球内部躁动不安，地壳在内力的作用下不断向上抬升，这里首先变成了陆地，接着又形成了山脉。在漫长的地质史中，地壳一共抬升了4次，黄龙洞也因此叠加成了4层。据专家分析，干洞

是黄龙洞里真的有一条黄龙，它其实是一块巨大的岩石，它惟妙惟肖，真像一条巨龙盘踞在乱石岗里。

洞穴的成因

在地质专家的带领下，我们登上黄龙洞内的游船。专家指着洞内的岩石，给我们讲起黄龙洞的地质史。黄龙洞全长15千米，共分4层，上面两层是干洞，下面是暗河。为什么黄龙洞会形成如此大的规模？

首先是流水侵蚀。黄龙洞的地层主要由石灰岩组成。石灰岩的成分主要

是碳酸钙，碳酸钙能溶解于弱酸性的溶液中，一旦碰到富含酸性的地下水或渗透的水后，岩石很容易被溶解。起初形成小的通

黄龙洞

是在较早的时期,即可能在200多万年前形成的,而下面的暗河更像近代形成的。

还有一个原因是岩石垮塌。经过一段时期后洞穴逐渐加大,里面却没有天然的支撑。雨水穿透石灰岩的岩壁向山体深处渗透,有的甚至汇集成溪流后形成瀑布倾泻到洞内。山中的岩石在雨水的侵蚀下缝隙越来越大,终于经受不起自身的重量大块地坍塌下来。

在地壳抬升、流水切割和岩石垮塌等因素的作用下,黄龙洞形成了庞大、复杂的地貌特点。在黄龙洞里,有一个洞厅被人们称做"龙宫",它高达30多米,是黄龙洞里最大的洞府。可以想象,在遥远的年代,洞外也许是繁花似锦,一片生机盎然,然而在不被注意的山体深处,黄龙洞正经受着剧烈的运动,一块块巨大的岩石轰然坠地,尘埃飞散到洞内的每一个角落。

梦幻般的钟乳石

在科技落后的古代,只有藏匿深山的隐者和孤独的探险家才有可能见到这些奇特景观。在21世纪的今天,溶洞对人们来说不再陌生,有不少人能描绘出溶洞的外貌甚至于说出钟乳石的成因。这些光怪陆离的碳酸钙雕塑无非是时间和水的杰作。雨水在穿透岩石的过程中,将碳酸钙变成碳酸氢钙带入洞中,空气中的二氧化碳又将碳酸氢钙还原成固体碳酸钙沉积下来,日积月累便形成了姿态万千的钟乳石。

人们根据它们的外形给它们起了不同的名字。悬挂在洞顶的叫石钟乳,伫立在地面上的叫石笋,石钟乳和石笋连起来后则叫石柱。

专家告诉我们,钟乳

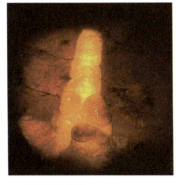

姿态万千的钟乳石

其实是一片连在一起的石钟乳，是由奔流而下的水形成的；石幔往往是空心的，敲一下会发出美妙的音乐；罕见的石花小巧玲珑，像一朵朵盛开的鲜花，藏匿在不被人注意的小小坑洞里，它是由飞溅的水花形成的；还有脆弱的鹅管石，它像古代西方人使用的一管管鹅毛笔，是在水滴下落速度极慢的情况下形成的。

在龙宫的大厅里，我们看到了黄龙洞内最高也最神奇的石笋，人们称它为"定海神针"，它高达22米，最细处几乎两手可握，它的纤细与高度无不让人感到惊讶，担心它随时会折断。最重要的是水还在不停地从洞顶滴落下来。可以想象，再过几千年，如果它不折断的话就会与洞顶相接。

据专家推测，黄龙洞内钟乳石的生长速度大约为每1万年长1米，也就是说，定海神针已经在这里伫立了20多万年。

这些钟乳石比起洞穴的形成要晚得多，它们最大年龄大概只有几十万年，而黄龙洞的雏形在100多

石的生长情况与水滴下落的速度有密切的关系。如果水滴下落速度快，地上的石笋就会生长得快些，因为碳酸钙主要在地上结晶。有的地方水滴下落速度缓慢，碳酸钙主要在洞顶结晶，因此能长出较大的石钟乳。

由于水滴的下落速度、方式和浓度各不相同，溶洞内的石钟乳呈现出丰富多彩的景观、造型和颜色。美丽的石幔就像一幅下垂的幕布多姿多彩，它

被人们称为"定海神针"的石笋高达22米

万年前就已经形成。

阡陌纵横的石田

除了千姿百态的钟乳石，在黄龙洞内我们还看到了另外一番景观，它犹如阡陌纵横的田地，更像一种人为景观。专家说这是石田，好像人工挖掘的

石田

梯田，一层层的，完全是大自然的鬼斧神工。

石田所处的位置恰是微微倾斜的斜坡，富含碳酸氢钙的水溶液聚集在这里，与空气中的二氧化碳结合后形成结晶体，然后变成石灰岩。为什么石田边上有结晶体呢？专家打了个比方，北方的冬天水会结冰。无论河流还是水缸，都是从边上先开始结冰，这跟水的比热有关。富含碳酸氢钙的水不断涨满石田，然后再漫出去，田埂越来越高，最后形成石田。

在石田旁边的斜坡上，我们找到了它形成的原因。原来是倾泻而下的洞中瀑布给山下的石田提供了物质给养。在洞厅上方，由于岩石较薄，形成了一个很大的漏水洞，山上的溪流顺着漏水洞流进洞中，形成了很大的瀑布。而瀑布的水富含碳酸氢钙，水顺斜坡下流形成了我们看到的石田。

开发的利弊

溶洞的开发与开放为旅游者提供了休闲的好去处，同时具有一定的科普作用。但是，当您漫步在平整的石板路上，欣赏在灯光的照射下更显怪异、神奇而美丽的钟乳石时，有没有想到这些人工设施会给溶洞带来哪些负面影响？

在黄龙洞里我们意外地发现一些刚从地底下钻出来的小草，它们原本不是溶洞的住客。专家解释说，石灰岩里除了碳酸钙以外，还含有一些泥质成分。比如泥质灰岩，可以含25%的泥质。而洞内照明设施的安置为植物提供了光源，使光合作用成为可能。我们看到在所有安装了照明灯的地方，都长出了一些植物。

为此，我们采访了中国地质科学院的陈安泽研

石钟乳的生长速度与水滴下落的速度密切相关

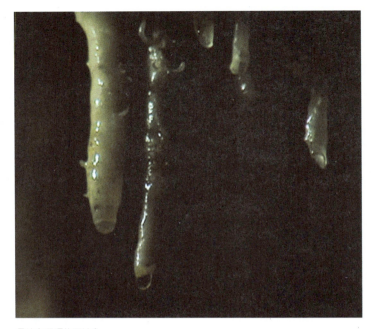
悬挂在洞顶的石钟乳

究员，他说，洞穴的形成有自己的规律。当洞穴形成后，就有一个稳定的环境。洞内的钟乳石能保持相对的稳定，不会被风化。而照明设施的安置导致了光污染，于是洞内长出了植物，其结果既破坏了溶洞内的景观，又对游人产生误导。更严重的是有可能改变溶洞内的氧气含量，同时，根系的生长也会对岩石造成影响。在国外，有些专家采取了一些防范措施，例如改变照明灯的波长，使植物不能生长。

有一些溶洞的开发者忽略了对溶洞环境的保护。如有一些开发者为了增加客流量，故意把洞口开大，或者开个对流洞口，来保证旅游者在洞内呼吸畅通。随着风的流动性加大，加快了溶洞内钟乳石的风化。还有的开发者在修筑道路的过程中，由于无知，破坏了很多宝贵的景物。当然，洞内众多的旅游者对一些脆弱的钟乳石来说也是一种威胁。有一些钟乳石比较脆弱，有些好奇的游客用手一摸就掉了，也有一些不文明的游客有故意破坏的行为。

溶洞的开发是不可避免的，因为溶洞是自然界赐于人类的宝贵财富。开发后的溶洞也是科学教育的园地，但必须以不破坏溶洞环境为前题。如何保护好溶洞的环境？那就要让科学的研究走在前边，科学的规划走在前边，科学的方案走在前边。

自然风景区的开发与利用满足了旅游者的好奇心，却也令人担忧。作为不可再生的溶洞资源，是让它继续沉寂下去，还是利用它创造经济价值，同时达到科普目的呢？这些矛盾在短期内很难解决。只希望开发者们能积极采取措施来保护自然资源，例如适当控制游览者的数量，最大限度地减少人工痕迹等。同时也提醒去自然保护区游览的人们，提高自己的环保意识。有些东西一旦丢失就再也找不回来了。

寻找宇宙射线

宇宙中果真存在神秘的反物质吗？它们在哪里？

2000年3月，中国和意大利在西藏羊八井地区，建成了世界第一个1万立方米的"地毯"式粒子探测阵列实验站，用以接收来自宇宙的高能射线和反物质粒子。此项世界上海拔最高的科学工程，得到了中国和意大利两国政府的鼎立支持。

西藏羊八井地区是观测宇宙射线的理想地区

1912年，德国科学家在乘坐热气球做高空实验时，十分意外地发现当热气球升至5 000米的高空时，热气球内仪器的电流一直在升高，从而认为这些电流是来自地球以外的一种穿透性极强的射线所产生的，于是将之取名为"宇宙射线"。

宇宙高能射线是人类获得的唯一来自太阳系以外的物质样本，长期以来，它一直是科学家探索宇宙奥秘的研究对象。这些微观的物质在巨大能量的推动下，在星际中加速与传播，有一些穿透大气层来到地球。目前，人类天文学的研究，对于太空的认识是非常有限的，而这种宇宙射线是送到地球上宇

间的物质样品，是极其宝贵的科学资源，是人类所能获得的太阳系以外的唯一物质样品。它对于研究遥远天体的变化及形成原因是非常有帮助的，因此，为了有效、长期地对宇宙射线进行观测，世界各国都相继建立了观测站，对这些"天外的使者"进行研究。

我国是世界上对宇宙线研究较早的国家，中国科学院高能物理研究所早在20世纪50年代就在云南地区开始了对于宇宙射线的观测、研究，在同行中享有很高的声望。1984年，首次赴西藏考察，认为羊八井地区是进行观测的理想地区。

宇宙射线研究对环境的要求

宇宙射线穿透大气层来到地球，会与大气层内的电子、原子等微观物质碰撞，产生大气簇射，发生变化，因此，对于观测研究来说，海拔越高越好。但是世界上许多海拔在4 000米以上的高山常年积雪，不利于开展长期的观测和研究，而我国西藏羊八井地

西藏羊八井宇宙射线观测站

区，地处念青唐古拉山脚下，海拔4 300多米，那里终年无积雪，地势平坦开阔，而且还有丰富的地热资源，并能够为研究者提供最基本的生活保障，因此具备建立大型的、常年性的、世界级高海拔科学实验室所必须的一切条件。

由于西藏羊八井地区优越的地理环境和发展空间，羊八井终于以其独特的地理优势，吸引了众多外国科学家的目光。

宇宙射线研究的国际合作

自20世纪90年代初开始，中国与日本科学家共同建造宇宙射线观测站，他们采取取样观测的方式，在每间隔一定的时间内，建造探测器，收集宇宙射线的信息。探测器越多，收集的宇宙射线的信息就越多，他们已经由最初的49个探测器发展到现在的533个，具有了相当的规模。这些探测器呈矩阵排列、均匀分布，全天候的观测着宇宙射线。

目前，世界各国都在开展对宇宙射线的研究工作，但方法却不同。专家们认为应该充分利用中国西藏羊八井地区的高海拔优势，结合国外的先进技术，运用不同的方法来对宇宙射线进行收集与研究。1998年，中国和意大利两

国科学家合作，建造了规模很大的地毯式宇宙射线探测器。这种地毯式宇宙射线探测器弥补了点状式取样探测器的不足，将收集射线发展到极致，最大限度地收集信息。依靠着雪域高原的独特优势和一流的技术，经过科学家们的艰苦努力，西藏羊八井宇宙射线站产生了一批具有前沿性和开拓性的成果。他们所观测、收集到的宇宙射线数据以及绘制的宇宙射线太阳阴影图等，在国际天文学界引起了很大的反响。

宇宙射线研究的意义

专家们在观测、收集宇宙射线数据的时候，发现了一个很有趣的现象：当地球上发生地震、火山喷发、天气变化等自然现象时，这些宇宙射线的数据也在发生着变化。天气的变化是否与宇宙射线的数据存在着必然的联系，是否能够利用射线数据的变化来为地球的空间变化提供预告的帮助，这也是各国科学家努力研究的方向。

目前的科学探测还不

科技工作者正在认真工作

能去解释这些宇宙射线与自然灾害的必然联系，然而收集、研究宇宙射线的信息，建立大型的数据库，不仅在研究地球以外的世界，而且也寻找着地球空间变化的规律。但这种数据库的建立，寻找其间的必然联系，是需要长期的过程，需要经历一个漫长的时间，甚至需要几代人的努力。

在20世纪50年代，中国宇宙射线的观测与研究是与世界同步的，后来由于历史原因，从事基础研究的人才流失严重，中国这方面的观测在逐渐落伍。

老一代科学家的奉献精神深深打动了许许多多年轻人，他们放弃了高薪聘请的机会，放弃了丰厚的待遇，投入到宇宙射线的研究工作中。随着辛勤劳动的付出及矩阵式观测器的逐渐完善、规模的不断扩大，他们所收集的宇宙射线数据，得到国际天文学家的认可与赞同。但他们却认为西藏羊八井地区优势的潜能还没有得到充分的开发，还应该继续搞国际合作，学习国外的先进技术，寻求更大的发展。

野外观测的工作是艰苦的，特别是在海拔4 300多米的高原，他们远离城市的繁华，忍受着寂寞，终日相伴的是那一张张熟悉得不能再熟悉的面孔以及那一台台冰冷的探测器。最早的一部电话，是1998年才装上的，它是当时生活在这里的人与家人传递思念的唯一工具。

出于对科学的热爱、对老一辈科学家的敬仰，一个又一个优秀的青年人走进了这个团队。他们说，比起老一辈科学家，他们是幸运的，现在住房有了，电话有了，工作设备先进了。

我们离开了这片神秘的雪域高原，回到了喧嚣的都市中。而他们依旧守着那份清苦，但他们却享受并快乐着，他们的快乐缘于科学给他们带来的那份欢愉，缘于那神秘的世界。

研究宇宙射线的科技工作者

与丁肇中一起探索宇宙

在浩瀚无边的宇宙中，至今有90%的暗物质尚未被人类观测到。

宇宙中是否真有反物质？如果有，它们在何方？它们以怎样的形式存在？研究反物质和暗物质有什么科学意义？它对我们树立正确的宇宙观有什么重要作用？让我们与著名物理学家丁肇中教授一起探索宇宙。

1998年6月2日由"发现"号航天飞机送入太空的阿尔法磁谱仪−01号

宇宙中有90%的暗物质，寻找反物质与暗物质是丁肇中教授正在研究的重大课题

我们的物质世界由原子组成，而原子又是由带正电的原子核和带负电的电子组成。所谓反物质恰好与物质相反，它是由带负电的原子核和带正电的电子组成。反物质一旦与物质相遇，两者都会被湮灭。在浩瀚无边的宇宙中，至今有90%的暗物质是人类没有观测到的，因为看不见，我们称它们为暗物质。反物质和暗物质是否真的存在？如果有，它们又在何方？这是著名物理学家丁肇中教授正在研究的令世人瞩目的课题。

早在1998年6月，丁肇中教授领导的项目小组曾经成功地研制出阿尔法磁谱仪−01号，由"发现号"航天飞机送入太空。阿尔法磁谱仪是一种设计不太复杂，但灵敏度极高的仪器，它的主体位于一个圆筒状的结构中，放置着以钕铁硼为材料的磁场强度很高的永久磁铁。磁铁后方的探测器负责记录带不同电荷的物质在通过磁场后的偏转轨迹。阿尔法磁谱仪的工作原理是：由于物质和反物质最大的不同在于电荷相反，物质带正电，反物质带负电。将两者放置在磁场里，当正电荷向左转时，负电荷则向右转。如果探测器传回地球的信息中显示正常轨迹出现了不同的物质，则试验的目的就达到了。目前科学家已经可以在地球上人为地制造出反原子，为此丁肇中教授希望在宇宙中能找到更重的氦或碳，因为这

浩瀚的宇宙

些物质不可能在地面上产生，一旦出现就一定是来自反物质的宇宙。通过阿尔法磁谱仪-01号的试验发现，地球赤道附近的正电子比负电子多出4倍以上，而地球是中性的，多出的正电子来自何方？这让丁肇中教授更加坚信反物质宇宙的存在。于是他带领10多个国家和地区的科学家着手阿尔法磁谱仪-01号的改进工作，将它的主体——永磁铁更换为磁场是地球磁场2万倍的超导磁铁，改进后的仪器叫做阿尔法磁谱仪-02号。

和阿尔法磁谱仪-01号一样，阿尔法磁谱仪-02号也有中国科研机构和中国科学家的参与。2003年9月，丁肇中先生亲自来华，就是来听取中国科学家关于阿尔法磁谱仪-02号的设计报告。

与丁肇中教授合作多年的中国科学家将再度参与阿尔法磁谱仪的研制

中国科学家和丁肇中教授的合作始于1977年。那一年丁肇中教授到中国访问，受到当时担任国家副主席邓小平的接见。丁肇中教授回忆说："当时邓副主席希望中国科学家能参加我的工作。那时候我正在德国汉堡工作，我说：'这件事我需要问一问德国政府。'我打电话后德方表示欢迎。第二天见到邓副主席，我说：'德国政府非常欢迎中国科学家'。邓副主席立即说：'那我送100个人来。'我说：'邓副主席，训练物理学家和训练士兵是两回事情。'所以最开始时中国送来10名科学家，中国科学院唐孝威院士就在其中；第二批送来18名科学家，包括现在高能所的陈和生所长。"

在场的高能物理所所长陈和生接着丁肇中教授这番话说："我觉得1977年小平同志派遣中国科学院的科学家到丁肇中教授领导的德国汉堡的实验室去工作，这是一个很有远见的决定。应该说，这项英明决定对于'文化大革命'以后的对外开放和国际间的科技交流具有划时代的意义。从此以后，我国大量地向国外派遣访问学者和留学生，把国外先进的科学技术带到国内来，这对改革开放起了很大的促进作用。"

小粒子大科学

路，这对推动中国高技术的发展具有十分重要的意义。

丁肇中认为要投身任何一项科学研究，兴趣是第一位的

事实证明，1977年是一个里程碑式的开端。10年前，上海交通大学参与了丁肇中教授在欧洲核子中心领导的L3以及在德国亚琛工业大学和其他大学诸多科研合作项目。在阿尔法磁谱仪-01号的研制过程中，中国承担了最关键部件——永磁体系统的设计和制造，其中永磁体系统的结构部分由中国运载火箭技术研究院（CALT）承担；永磁部分由中国科学院电工研究所负责研制。

阿尔法磁谱仪-02号原计划于2005年发射，但美国航天飞机因事故削减了飞行架次，很多太空试验项目因此被砍掉，幸运的是"阿尔磁谱仪-02号"的项目一直被保留，但到底什么时候发射却没有确定下来。

正如陈和生所言，粒子物理的研究是一门大科学，目前它对试验设备、经费、人力资源包括对水平和规模的要求已经超过了任何一个国家所能承担的能力范围，因此必须采取国际合作的形式。目前这项研究还没有什么商业和应用价值，不同的国家都可以坐在一起共同探讨。中国的高能物理是在国际合作中发展起来的，今后还要继续走国际合作的道

丁肇中教授有着严谨的治学态度和一丝不苟的工作作风。当问及在他的科学研究生涯中有没有因为一时的疏忽而造成的遗憾，他莞尔一笑说："只能说很侥幸，至今我还没有出过任何错误。什么叫没有出过错误，就是说我们每做一个科学实验都有一个结果，这个结果可能和别人的不一样，如果不同的人在不同的地点再做这项实验得出与我们同样的结果，这就表示我们的结果是对的。什么叫科学实验结果是对的，就是说该结果与时间、地点没有关系。过去多年来我确实做过几个实验，有的也相当困难。虽然到现在为止实验结果还没有出错，但是这绝不代表下一个实验不会有错误。实验出错是非常严重的事情。出错以后不能怪姓张的、姓王的，只能怪我自己。"

丁肇中教授与电视观众进行交流

丁肇中教授对年轻的科研人员提出以下建议，他说，要投身任何一项科学研究，无论物理、化学还是生物，第一是兴趣，只有兴趣才能引导你继续向前走，因为拿诺贝尔奖的人总是少数。每年诺贝尔物理奖最多只授予3名科学家，有的时候还不设奖，比如在第一次世界大战、第二次世界大战期间，那时根本无法做科研。如果靠拿诺贝尔奖来做科学，可能会很失望。其次要注意的是自然科学中实验和理论是同样重要的。一般人的观点认为会动手的人可以做实验科学家，其实这个观点是完全错误的。一个好的实验物理学家，必须了解理论。因为不了解理论，就没有办法去推翻别人的理论，你把别人的理论推翻了才可以前进一步，才能增加新的知识。丁肇中教授说他所认识的20世纪比较有名的科学家、实验物理学家，他们对理论都是有相当深刻地了解和认识。

宇宙的构成

丁肇中教授认为，根据目前人类对宇宙知识的了解，构成宇宙的最基本的物质只有6种，即3种不同的电子和3种不同的夸克。人类对宇宙知识的了解将随时间的变化而变化。

丁肇中教授的研究，为人类开拓了宇宙未知的领域，使基本粒子物理迈进了一个新的境界。

太阳系的小天体

冬去春来，花谢花开，我们生存的这个星球大约有46亿年的历史。当我们抬头仰望茫茫夜空，那里有无数颗星星在闪耀，它们从何而来，又向何而去？它们以何种方式消磨着漫长的岁月？它们和我们脚下的地球有着怎样的联系？今天的天文研究能告诉我们些什么？

美丽的流星雨

一起看流星雨

人们常把流星当做是一种可以寄托愿望的对象。传说在流星熄灭之前，如果许一个愿，愿望就能实现。人们喜欢流星，更喜欢看流星雨。在2003年8月13日的凌晨，就爆发了大规模的英仙座流星雨。在国家天文台的河北省兴隆县观测基地，科学家对这次英仙座的流星雨进行了观测。

观测流星雨，要选择离城市比较远、观测条件比较好的地方，要考虑天气情况、大气和灯光污染等诸多因素。对流星雨的记录需要在非常黑暗的背景下进行，观测流星雨时不能有任何人工光源，因为人工光源会造成光污染。流星雨并不是在天文望远镜里能看到的，只能对它进行目视观测。观测时可以将录音笔打开，边上放一块报时表。当流星出现时，把包括流星的归属、亮度、速度、起止时间等参数口述录入录音笔。当完成观测后，将录音笔的声音文件一个个地放出来，最后填写观测报表。另一种观测方法是通过安装了像增强器的摄像机对流星的壮观场面进行拍摄记录。有了像增强器，可以把将光子放大若干倍，从而拍摄到很暗的流星。

绚丽的流星以惊人的速度穿过大气层，能让我们肉眼捕捉到，真是一件奇妙的事，流星的每次出现对于观看者来说都是一次奇特的经历。它带给人们的是新的惊喜和新的激动。

天文爱好者与小行星

在寻找小天体方面，许多天文爱好者作出了很多突出的贡献。2002年对中国的业余天文爱好者来说两个人有重要的发现：一个是张大庆，一名机械工人，他在西南方向低空鲸鱼星座发现了一个云雾状的天体，通过寻星镜定位，翻阅星图，发现星图上并没有朦胧的云状物，从而确定了这颗尚未发现的彗星，也就是后来的"池谷—张"彗星。因为发现这颗彗星的是两个人，一个是日本的池谷薰，还有一个就是中国的张大庆。这是中国第一次用天文爱好者的名字命名彗星，凭借对科学的热爱，张大庆为中国数千年的天文史谱写了新的一页。另外一个是中学生孟奂，他发现了一个新的流星群，按照国际惯例，这个流星群以离它最近的一个星座命名为御夫座流星群。在2000年狮子座流星雨期间，中学生孟奂到国家天文台的兴隆观测基地去观测，有一天他发现来自北天的流星特别多，而狮子座的辐射点应该是在南天，当时他猜想，北天可能有一个我们所不知的流星群。后来他回到北京，把1998年和1999年

两年的画图资料找出来，寻找辐射点，结果在英仙座和御夫座交界的地方找到了一个新的辐射点。

由于专业天文望远镜口径大，视场较小，所以用专业望远镜观测时，只能观测天上非常小的区域，还有很大的区域无法观测。天文爱好者的望远镜虽然口径小，但是视场却比较大，它可以看到天空很大的区域，所以很有可能发现一些新的天体。应该说这些天文爱好者为天文学研究作出了杰出的贡献。

迄今为止世界最大的单天线射电望远镜设在波多黎各山谷，它的名字叫阿雷西博射电望远镜，它的直径为305米，它的任务是寻找地外生命。

研究小行星的意义

从人类发展史来看，天文学一直是人类非常关注的领域。古埃及人通过对天象的观测，研制出科学历法。中国人在这方面也作出了突出的贡献，包括东汉的张衡研制的浑天仪。

随着科技的发展，人们已掌握了宇宙天体运行

发现"池谷—张"彗星的天文爱好者之一张大庆

发现御夫座流星群的中学生孟奂

设在波多黎各世界最大的阿雷西博射电望远镜，它的任务是寻找地外生命

的许多规律。比如人类已能准确地预报日食、月食发生的时间和地点。1999

狮子座流星雨

年发生的狮子座流星雨，天文学家第一次准确地预报了流星雨发生的时间，其误差只有几分钟。

对于小行星的观测，其意义在于避免流星撞击人造卫星。为什么科学家多年来对流星如此关注，与此有密切关系。上一次比较大的流星雨是发生在1966年的狮子座流星雨，那个时候天上人造卫星比较少，但是等到它33年以后返回时，天上的人造卫星已经非常多了。到目前为止，宇宙中比较大的人造卫星就有近1万个，保证这些航天器的安全是科学家首先要考虑的问题。其次是开发空间矿藏的需要，

特别是对小行星采矿的研究，这是人类下一步开发太空时一种重要的空间资源。第三是对太阳系形成的研究。很多东西在太阳系刚开始形成时就已经有了，但是像地球这么大质量的天体，其本身的演化过程比较长，所以宇宙早期的很多痕迹已无法找寻，而小行星和彗星的演化过程比较短，所以从它们那儿仍然有可能找到宇宙以前的痕迹。

彗星撞击地球的可能性

自从哥白尼的日心说被人们所接受后，人们知道了地球不是宇宙的中

心，太阳系还存在很多的小天体，它们和地球一样围绕着太阳在旋转。这些小天体都有自己的运行轨迹，这些小天体与地球之间是相安无事还是会发生一些冲突呢？

科学家认为，太阳系在生存的早期，存在大量的碎石和小天体，就像月球上布满的环形山，这些环形山都是小天体撞击的结果，看到环形山的数量就可以知道当年撞击的次数和激烈的程度。我们看到的月球上的陨石坑都是几十亿年以前形成的，最近这几十亿年以来太阳系的碰撞现象大为减少，但是小型的碰撞还是经常发生的，像流星雨实际上是一种非常小的碰撞现象，大的碰撞现象发生概率相对小得多。

美国科学家曾预测2019年可能有一颗小行星会撞击地球，这颗小行星名叫2002NT7，现在已经知道它肯定不会撞到地球。当时媒体报道基于一个月之内的观测数据，经过计算轨道后认为有25万分之一的可能，但是又经过

了一个月的观测，轨道定得更准了，计算结果表明它撞击地球的可能性是零。

流星划过天际

对于小行星撞击地球的可能性，有什么保护措施能使我们的地球免于这种灾难呢？科学家设想，一旦发现小行星有可能撞击地球，一种方法是通过核爆炸把它推开，让它偏离地球轨道。科学家认为这个方法比较好实施，但是需要对小行星的物理性质有很多的了解；还有一种方法是给小行星表面刷漆，改变小行星表面的反照率，因为小行星表面反射太阳光的程度会直接影响其运行轨道，反射程度越高，小行星越会偏离其运行轨道。现在科学家需

要做两件事，一件事是尽早地发现那些可能撞地球的小行星；另一件事是研究防止小行星偏离其轨道的技术。

我们不仅要关爱我们居住的地球家园，还应该更多地去了解地球的兄弟姐妹，勇敢地去探索美丽宇宙的更多奥秘。

地球与小行星

在茫茫的宇宙里有各种各样的天体，地球只是其中一个很小的成员。流星体、彗星、小行星都是太阳系里的小天体，它们像地球和其他七大行星一样都围绕着太阳运行，它们是地球的兄弟姐妹。除了八大行星以外，绝大多数的小行星都按一个方向

绕太阳转。地球在一个圆形轨道上绕着太阳转，除此之外地球运动中还有一个自转问题。月亮离地球非常近，它绕着地球转。小行星按椭圆形轨道绕着太阳转。

太阳位于这个椭圆形轨道的一个焦点上，而不是在椭圆形轨道的中心。小行星越接近太阳的时候，它的运动速度越快，当它远离太阳时速度就会慢下来。流星雨的运行轨道实际上类似彗星的轨道。彗星在接近太阳时自己本身会产生尘埃物质。每一个尘埃物质我们叫它流星体，当流星体进入地球大气层时会发光，于是我们肉眼便能看到它们，这就是流星雨现象。

太阳系中的八大行星

蓝色星球

40亿年前，生命在海洋中诞生；甚至在今天，大海仍在守望着人类。经济学家预言：21世纪将是海洋的世纪。当今人类所面临的一些能源问题，几乎都可以从海洋中找到出路。

成因迷离的生命摇篮

我们赖以生存的地球，是一个大部分被蓝色覆盖着的星球。在这个星球的表面，有71%是由海洋组成，因此有人说，把地球叫做水球更贴切。

在人类目前发现的行星里，只有地球上有如此浩瀚的海水。那么地球上的海洋是怎样形成的？海水是从哪里来的？对这个问题目前科学还不能作出最后的回答，这是因为，它们与另一个具有普遍性的、同样未彻底解决的太阳系起源问题相联系着。

在地球发展的早期，天空中水汽与大气共存于一体，浓云密布，天昏地暗，随着地壳逐渐冷却，大气的温度也慢慢地降低，水汽以尘埃与火山灰为凝结核，变成水滴，越积越多。由于冷却不均，空气对流剧烈，形成雷电狂风，暴雨浊流，雨越下越大，一直下了几百万年。滔滔的洪水，通过千川万壑，汇集成巨大的水体，这就是原始的海洋。

原始的海洋，海水不是咸的，而是带酸性、又是缺氧的。水分不断蒸发，反复地形云致雨，重又落回地面，把陆地和海底岩石中的盐分溶解，不断地汇集于海水中。经过上亿年的积累融合，才变成了大体均匀的咸水。

总之，经过水量和盐分的逐渐增加以及地质史上的沧桑巨变，原始海洋逐渐演变成今天的海洋。今天地球的表面大约有71%被海洋覆盖；如果有一个外星人到访地球的话，那么他有70%的可能会降落在海洋上。

科学家告诉我们，从海洋中出现最原始的生命开始，到现在已有40多亿年的历史了。从最初的单细胞生物，到地球上现存的最大的庞然大物蓝鲸，几十亿年的生命演化过程创造出了丰富多彩的海洋生物世界。

40亿年前，在太阳能

的作用下，出现了生命的最初形式。最初的微生物是单细胞结构的，即由一个细胞构成。这些细胞不断变得复杂，于是出现了生命进化链中的第一个环节：衍生于海藻并以海藻为食的微生物。同时它们本身又是那些比它更复杂的微生物的口中之食。

这个时候发生在自然界中的优胜劣汰，成为了最原始的进化。最适于某一个栖息环境的个体大量繁殖，其他的个体则消失了。在一些珊瑚礁上，每一处隐蔽所和裂缝都被一个个个体占据着，这些个体时刻保卫着自己的领地。

蔚为大观的海底地貌

在海水覆盖的海底，有宽阔平坦的大陆架、倾斜的大陆坡，还有广阔的深海平原；有高耸起伏的山峦、绵长崎岖的丘陵，

还有深邃的海沟和壮观的峡谷。

海沟是海洋中最深的地方，它却不在海洋的中心，而偏于大洋的边缘。海沟的深度一般超过6 000米。世界上最深的海沟在太平洋西侧，叫马里亚纳海沟。它的最深点为11 034米，如果把珠穆朗玛峰放进去，被淹没的山尖离海面还有2 000多米；世界最长的海沟是印度洋的爪哇海沟，长达4 500千米。全球最宽的海沟是太平洋西北部的千岛海沟，其平均宽度约120千米。

几乎人人都认为深海底下是一片特别宁静的地方，但近年来海洋科学家

发现，海底并不平静，当海底风暴来临时，无论是爬行动物、植物，还是礁石都会被掩埋在沉积层之下。

大海，同陆地一样处于不断演变之中。非洲板块正无情地朝着欧洲板块移动。在几百万年内，地中海注定会在地球上消失。

在世界海洋底部，还有那几乎贯穿全球大洋底的山脉和大裂谷以及密集的火山锥与海山。

风光旖旎的珊瑚岛

在热带海洋，有一种特殊类型的岛屿，组成岛屿的物质是珊瑚虫的骨骼，这就是珊瑚岛。甚至在大洋上的一些海岛国家的

美丽的珊瑚礁

小鱼在珊瑚丛中嬉戏

全部领土，都是由小小的珊瑚虫经过千万年努力建造起来的。所以人们称珊瑚虫是海洋上伟大的建筑师。

海洋中的珊瑚礁分布广泛，类型繁多，像暗礁、堡礁、环礁都是这个大家庭中的一员。

暗礁生长在大陆沿岸和海岛周围的边缘地带。暗礁是珊瑚虫生长发展的初期，一般规模较小，但它分布的范围较广。

堡礁生长在离岸较远的海上，它像城堡一样，围绕在陆地周围。世界上最大的堡礁是澳大利亚东海岸外的大堡礁，它从澳大利亚东北海岸一直向南延伸，断断续续长达2 010千米。大堡礁水下景色非常美丽，被国际组织评为世界水域七大奇观之一。

环礁在分布形态上与堡礁相似，但它不是围着陆地或在接近陆地的海洋里生长，一般是在大洋中形成一个珊瑚岛礁群。如果从高空的飞机上向下看去，就像那抛向碧海上的一束花环，绚丽多彩。

多姿多彩的海洋生物

据统计，地球上的生物大约有50万种以上，而在海洋中就有超过18万种动物及2万种植物。但是，到目前为止，我们对于汪洋大海中的生物世界了解的还很少，根本不能准确地统计出海洋生物种类的数量。然而，我们可以这样说，陆地上有的生物大类，海洋中几乎都有。另有一个有趣的事实是：陆地上植物种类比动物种类多，而海洋中则相反，动物的种类比植物种类多。

由于海洋环境要比人们想象复杂得多，因此，一般的海洋生物的繁殖力很强，它们的求偶方式、繁殖、生殖方式，都非常巧妙。

海龟的个头在龟类里是最大的，那悠闲自在的样子，给它增添了几分可爱，但这可是个充满了七情六欲的家伙。在恋爱的季节里，一旦发现了目标，雄性海龟便对雌性海龟喋喋不休地表达爱慕之情。

鲸在海洋里被称为庞然大物，在它粗犷的背后，也是一个情意缠绵的恋爱高手。鲸的恋爱与交配，就如同它的身体一样猛烈而

可爱的大海龟

粗野，交配时形成的巨大漩涡将持续几个小时，从空中看下去，它们周围的海水被搅得波涛起伏，巍然壮观。

丰富的海底矿藏、资源

海洋是一个"蓝色的宝库"。在这个巨大的宝库里，蕴藏着80多种元素。如果把整个地球上的海水加以提炼，可得到550万吨黄金、4亿吨白银、40多亿吨铜、137亿吨铁、41亿吨锡、27亿吨钡、70亿吨锌、137亿吨铝，另外还有大量的锰矿石，这些储量分别相当于陆地上的几倍到几百倍。

在海洋的深处还有深海矿石，比如在太平洋就发现了储量最大的多金属矿瘤。这些矿瘤由围绕一个核心以同心层包裹成的一大块矿石矿构成。它的核心可能是一粒砂子、也可能是一块鱼骨、或一个空贝壳。矿石中含有锰和铁、镍、锌、铜、钴、钡，海洋深处是一处巨大的储备库，正是这座大型储备库可使工业发展维续几个世纪。

海洋里还贮藏着约1 350亿吨的石油和约140万亿立方米的天然气。据科学家分析，将来有可能开采的石油资源，1/3在大陆，1/3在浅海，1/3在深海和两极。海洋将成为人们开采石油的重要基地。过去人们总认为石油在浅海处。随着深海钻井的出现，人们了解到，大陆架以外的深水海域也蕴藏着石油。

大海一涨一落地"呼吸"着，在这起伏动荡的运动中，潮水蕴含着巨大的能量，人们称誉它为蓝色的煤。有人做过计算，如果把地球上的潮汐都利用起来，每年就可以发电12 400亿千瓦时。

在辽阔而富饶的海洋里，除了生活着形形色色的动物之外，还有种类繁多、千姿百态的海洋植物。

海洋植物是海洋世界的"肥沃草原"，它不仅是鱼、虾、蟹、贝、海兽等动物的天然"牧场"，还是人类的绿色食品，更是制造海洋药物的重要原料。

人类发展的重要驱动力

像其他所有哺乳动物一样，人在生物进化链中处于从鱼进化来的两栖动物和爬行动物之上。人的血液中的含盐量为每升8克。这些盐分对人体来说

辽阔而富饶的海洋里，生活着形形色色的动物和植物

是不可或缺的。但是，人类一诞生，就背离了大海。这些为土地所束缚的生物得花上多少万年的时间才能重返大海并适应大海呢？

最初的波利尼西亚捕鱼传统已消失在时间的漫漫长河之中。他们以代代相传的技巧为基础。这些民族之所以能生存下来通常依赖于他们汲取海岸所提供的资源的能力。他们熟谙鱼性，并彻底了解海潮和海流，还熟知月亮运行和季节变换的影响。

大约十万年前，第一只小船出现了，它的出现可能是一次意外事件的产物：有人掉进了水里，抓住了一根树干——他意识到树干可以漂浮在水面上。于是这个人便将树干掏空，增强了它的稳定性。

然而要想使船前行，必须给它驱动力：可能是聪明的古代先民在设法使船行进时发明了它，于是第一支桨便出现了。

航海打开了人类旅行和迁徙之路。在公元前2 500年到公元前500年之间，毛利人离开了马来群岛和印度尼西亚群岛，迁徙到南太平洋。没有哪个民族在这座星球上进行过如此大规模的移民。他们航行用的工具就是装有风帆和甲板的双体独木舟，样子就像今天的双体船。

船的演变发展得很

快。装有桨的大型划船最早是在希腊出现的，那时费阿刻斯人发明了带有双排划手的战船。

早在18世纪，维京人就开始建造帆船，这标志着一种殖民工具的出现。他们发现的新世界的大量财富被装在西班牙给人深刻印象的大型帆船上带回了欧洲。于是到了18世纪出现了快帆船和汽轮，此后在19世纪出现了远洋定期客轮和巨型货轮。

很快，在航海时柴油机取代了轮船的蒸汽机。由于柴油机可靠、经济，它被用来装运货物。这些船只性能的改进促进了不同文明之间的文化和商务交流。大海成为了人类发展的强有力的驱动力。

方兴未艾的海洋开发

40亿年前，生命在海中诞生，甚至在今天，大海仍在守望着人类，大海不仅向人类提供了丰富的食物源，同时它也为我们提供了一座巨大的医药宝库。

人类药理学很多是使用海产品为基础的，例如河豚毒素为河豚的一种分泌物,是一种效力为可卡因60倍的镇痛剂。

每年,大约有三百种未知的海洋生物分子被人类发现。现在已出现了新式渔民,他们捕获的对象是海洋生物分子。将这些海洋生物分子进行具体应用的研究还要持续若干年。研究人员对这些分子采样进行复制,化学复制品会保护深海的平衡免受过度集中开发的破坏。

海豚

鲸鱼

今天,珊瑚石灰石被应用于面部外科手术中,其性质与人骨的性质十分接近。我们用它可以代替那些失去的骨头,以后在这种植入物质周围会再生出新骨,到那时这种珊瑚物质会自然消失。

渔业技术在飞速发展。今天,我们可以通过卫星等设备来确定较为理想的鱼场位置,而科研人员正在探索深海的奥秘,这项探索与传统捕鱼业相比,又是一种全新的概念了。

人类长期以来一直未能揭开深海的奥秘。人们相信没有光就没有生命。在20世纪50年代末,加勒希西亚探险队发现在海底无穷无尽的黑暗中,的确有生命存在。在我们这座星球上,海洋深处是一种最恶劣的环境。这里没有昼夜之分,没有季节,也没有潮汐。水压也是令人难以置信的:在6 000米的深度,每平方厘米的压力为6 000N,然而就从此处便进入了海底王国。

在低于海平面6 000米深处的海水中,只有一些食肉动物和食腐动物。这里几乎没有什么食物,有时它们花费好几个小时才能发现一点点儿可怜的食物。

造物主给3/4的青灰色的透明深海生物赋予能发亮的器官,海底被这些聚光灯照成了一个色彩斑斓的世界。于是,在一些古老神话中就出现了有关海怪的传闻。

令人期待的蓝色未来

经济学家曾预言:21世纪将是海洋的世纪。"海洋水产生产农牧化"、"蓝色革命计划"和"海水农业"将构成未来海洋农业发展的主要方向。

广阔无垠的海洋是自然界赐于人类的一个巨大的资源宝库。海洋是如此富饶,它可以为人类提供食物、能源、矿物、水源、化工原料乃至于广阔的空间,当今人类所面临的一些能源问题,几乎都可以从海洋中找到出路。

人类要维持自身的生存与发展,最为切实可行的途径,就是充分利用地球上这块最后的资源宝地——海洋。海洋科学技术目前已成为世界各国争先发展的高科技领域,在本世纪,它必将成为人类最为重要的高科技领域之一。因此,21世纪,人类进入了一个大规模开发利用海洋的新时代。

数字地球

人类为了认识自己的星球，前赴后继，代代努力。当我们有了卫星、各种计算机以及可相互通讯的网络时，我们将地图、地球仪搬到了计算机中，用计算机重新塑造了一个可随时访问的地球，这就是数字地球。有了它，你可以从计算机屏幕上或网络电视上，利用按钮或鼠标随心所欲地拉近、推远和转动地球，你既可以飞到太空中观看地球的奇观，也可以"钻进"地球内部，体验火热的岩浆是如何翻流的，当然，数字地球的意义还远不止于此。

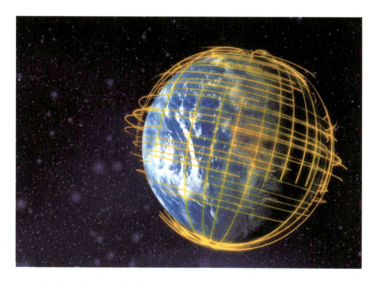

数字地球可以覆盖有关人类80%的信息

数字地球的概念通俗地说，就是把真实的地球全部数字化，得出一个虚拟的地球，并实现用计算机来操作。数字地球有两个特点：第一，就是全是数字化的，它所有的东西必须变成数字0或者1；第二，属于数字地球的所有要素必须有定位，包括时间和空间的定位。一个人从外界得到的信息80%是通过眼睛，人类可以看得见的东西，数字地球都可以涵盖，但是涉及到感觉的东西，比如香味，还是辣味，还得自己亲自去尝一尝，所以数字地球可以覆盖有关我们人类80%的信息。

这些信息可分为两种不同的信息类型：一是地球本身自然条件的信息；另外一种就是涉及人类生活的一些经济方面的信息。这些信息不仅包括全球性的中、小比例尺的空间数据，还包括大比例尺的空间数据（比如大比例尺的城市空间数据）；不仅包括地球的各类多光谱、多时相、高分辨率的遥感卫星影像、航空影像、不同比例尺的各类数字专题图，还包括相应的以文本形式表现的有关可持续发展、农业、资源、环境、灾害、人口、全球变化、气候、生物、地理、生态系统、水文循环系统、教育、军事等等不同类别的数据。

数字化解读地球的意义

用传统方法去认识地球是否也足够呢？答案是否定的。过去研究地球

早期地图只能描绘人类狭小的生活圈子

很艰难，人类花了1 000年的时间才搞清楚大陆和海的轮廓，飞机问世后，只花了半个世纪，就绘制出了70%的陆地的地图。而通过遥感技术的发展，我们可以进行更精密的测算，比如喜玛拉雅山就是印度洋板块往北边挤压形成的，现在，每年印度洋板块还要挤到山底下去几厘米，同时喜马拉雅山也在缓缓地上升之中。上海和檀香山每年也在靠近几个厘米，一些新的规律的探索可以由此开始了。

原联合国秘书长安南曾一语道出了数字地球建设的重要性：谁得到信息谁将更加富有；谁失去信息，谁将更加贫穷。对于一个国家来说，大到安全布局，小到老百姓生活，都要在这个统一的战略规划下来实施。

数字地球中国战略

发展"数字地球"中国战略不仅是必要的和迫切的，而且是可能的和现实的。"863计划"、"S863计划"、"攀登计划"、"火炬计划"、"973计划"等国家科技发展计划的实施为发展"中国数字地球"提供了现实的技术基础、科学基础和人才储备。"中国信息高速公路"等基础设施的建设为发展"中国数字地球"提供了技术上的支撑条件。数字地球中国战略关系到国家安全，同时与老百姓的衣食住行息息相关。举个例子，北京的交通公路的修建可以说是又快又多，但是还是免不了堵车，现在唯一的办法就是要全部启用GPS，也就是数字交通。专家认为，北京只要通过加强信息化、数字化，交通效率可以提高30%。

数字地球是我们国家信息化的第一步，只有通过数字化走到信息化，然后才能实现现代化。

地球是我们人类赖以生存的美好家园，正确的去认识它和了解它是我们每一个人的愿望，利用各种先进的科技手段，尤其像数字地球这样的技术，使我们人类变得日益强大，

外层空间看地球

球70%的陆地；而今，遥感卫星每天都能获取全球的数据与图像。

数字地球与遥感估产

数字地球到底跟我们有多大的关系？遥感估产就是个例子，遥感估产就是从遥远的太空来看粮食的叶面指数，来预测粮食的产量。20世纪80年代初，美国应用遥感手段估算出了苏联的冬小麦将会减产，就立刻抬高了小麦价格，因此赢得了4亿美元的经济效益。这清楚地表明，提前获知这些信息，可以在世界粮食贸易中占有优势，更重要的是，可以对制定合理的粮食进出口政策、保护国内粮食安全和社会稳定有重要作用。

我们在自然的面前显得更加有力量了，因此地球在我们眼里也是越变越小，我们应该利用这种技术来保护地球，让我们跟地球和平相处。

人类认识地球的历程

地图是我们认识地球中最常用的工具。公元前560年，古希腊的阿那克西曼德绘制了一幅地图，所有大陆联结成一个大岛，四周海洋环绕；在哥伦布首次发现新大陆时，德国的贝海堡在纽伦堡制作了第一个地球仪，以更加形象生动的方式描述了地球上的大洲大洋、山川河岳。

人类为了认识自己的星球，前赴后继，代代努力。人类祖先花费了1 000多年时间搞清楚了海陆的轮廓；又用300年时间，测量和探险了30%的大陆面积；借助于现代遥感技术，用50年时间摄影测量了全

星空探秘

著名物理学家霍金曾经讲过这样一个故事：一位科学家在做一场关于天文学的演讲时，一个老妇人站起来反驳说："你说的不对，这个世界是由一只大乌龟驮着的。"科学家问她："那么，这只乌龟又在哪里呢？"妇人微笑着说："是由一只大些的乌龟驮着，当然，它的下面又会有一只更大的乌龟……"故事里无限乌龟的说法虽然让很多人觉得很可笑，但它却是人类最初最朴素的一种宇宙观。

浩翰的宇宙

实际上，人们对宇宙的探究由来已久。无论东西方，人们认识宇宙的热情始终不减。

什么是宇宙，这是一个千百年来历久而弥新的课题。宇宙是时间与空间的总称（"上下四方曰宇，往古来今曰宙"）而且它是无穷大的（"宇之表无极，宙之端无穷"）。人类相对于这个无极无穷的宇宙来说实在是太渺小了。然而人类却发了狠，非要将这个大得几乎看不见摸不着的东西弄个清楚。宇宙学的研究对象微以夸克，巨以星系，瞬以飞秒（千万亿分之一秒），久以亿万年，空间无比广阔，时间无比悠长。是什么让人类竟如此大胆，说来只因这个看似渺小的生物拥有"思想"这个无比神奇而伟大的力量。东西方宇宙观的每一点改进其实都源自于人类思想的进步。说起来这真是一件有趣的事情，原本自己无知、无识的宇宙却演化出了这么一个有意识地反过来去理解探究宇宙的物种。

爱因斯坦说过："宇宙中最不可思议的事情，就是宇宙竟然是可以理解的。"想来爱因斯坦在说这句话时一定对人类的思想充满了自信！

人类似乎有太多的事情要思考，而对宇宙的研究却最能挖掘人类思想的潜力。宇宙学与其他学科门类相比较是一门很特殊的学科，可以说，它半是物理学半是哲学。宇宙学有许多理论甚至不像其他学科那样可以得到现实的求证，例如，关于"宇宙大爆炸"的理论就并不能给人们来一次真实地重放以证明其理论的正确性。其实，

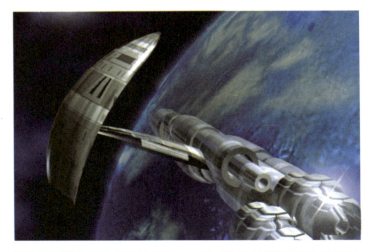

睇眄于太空，觉宇宙之无穷。思想的魅力也许正在于此。从这个意义上来说究竟是宇宙大些，还是人的思想大些？

想起一则禅宗公案故事。一位高僧要弟子将自己想象成一样所能想到的最大的东西，然后与师父比较看谁想的大。徒弟从河马、大象到山川、大地，最后想到了宇宙，便得意地说："师父，我是宇宙！"岂料师父眼皮也不抬地说："我一口把你吃了！"这是何等的野心却又是何等的气魄。唯因思想所及，宇宙也只在襟抱间。诚如法国哲学家帕斯卡所说："就空间而言，宇宙掌握并吞没我；就理性而言，我掌握宇宙。"

也许宇宙缔造演化出勤于思维的人类，并让他们探索无休，正是宇宙之灵的自我觉醒。

许多诸如奇点、大爆炸、宇宙的塌缩以及黑洞、膜等理论在设想之初甚至是一种形而上学的思考。然而这些近似天方夜谭的学说一再被哈勃太空望远镜等先进探测仪器的观测和精准的数学计算所证实。每一点新证据的发现都验证着人类思想的伟大。宇宙学这个由空灵玄妙的想象和逻辑严密的计算所杂糅而成的学科让人类思想的力量发挥得淋漓尽致。

人类站在地球上，却可以让思想飞腾，超越千百万光年，追溯宇宙的起源，探究宇宙的边界；穷

地球的"体温"疑团

很多人都知道温室效应使地球升温，但又有科学家指出地球不是在变暖而是在变冷，一个新的冰川时期即将来临，地球的"体温"到底是在变热还是变冷？

法国科学家让·巴蒂斯特·傅立叶首次提出存在一种大气效应，这使得地球与没有大气层相比更温暖，他最先使用"温室"作为比喻

温度冷热变化导致岩石风化

有关气候变化的科学理论一直包含着不确定性，定论与反定论。

数百万年来，森林吸收了大气层中的二氧化碳，将它固化在土地中，成为了石油和煤炭。随着两个世纪前工业革命的开始，广泛燃烧化石燃料开始将这些二氧化碳排回到大气中。从一开始气候学家们就一直在关注由此可能带来的影响。

变热理论定义的始作俑者：二氧化碳和碳氢化合物

早在1827年，法国科学家让·巴蒂斯特·傅立叶首次提出存在一种大气效应，这使得地球与没有大气层相比更温暖。他最先使用"温室"作为比喻，"温室"保留了太阳的热量，这能帮助解释为什么地球不像火星那么寒冷。

1863年，爱尔兰科学家约翰·廷德耳利用他自己设计的光谱仪等设备首次展示了一些气体，比如水蒸气、二氧化碳和碳氢化合物是温室气体，它们吸收并反射热量。在这一工作基础上，瑞典教授斯文特·阿里西斯1896年发表了一篇论文，进一步指出：大气中二氧化碳的含量与温度呈正比关系。他预测：如果二氧化碳的浓度提高一倍，大气层的温度会上升5℃。阿里西斯认识到了燃烧化石燃料可能导致全球变暖。他所不知道的是，全球变暖的过程在那时已经开始。

在1890年至1940年间，平均的地表气温升高了1/4摄氏度。这听起来不严重，但一些科学家认为美国在20世纪30年代出现的沙尘暴是温室效应的表现。更准确地说，整整7℃地表气温的差别使20世纪与上一个冰川时期显得完全不同。

在此后的20年内，温室气体的排放迅速增长，没人想到对气候的影响。后来，在1958年3月，圣地亚哥一位年轻科学家开始寻找第一个科学证据，证明二氧化碳水平正在上升到危险的程度。他就是当时年仅27岁的查尔斯·基林，为了记录他的测定数据，他去了一个新的、更可靠的地方：位于夏威夷的穆纳·罗阿天文台。这是一个仅在一点就能代表世界气候变化的地方，在这个理想的环境中，基林采用

的技术带来了他在气候领域全新的突破。在接下来的40年里，数据被每10秒钟记录一次。其结果为全球变暖提供了引人注目的新证据。

他的测定数据集中起来组成了名为"基林曲线"的图形。曲线显示：从1958年起，二氧化碳含量的升幅达到了先前的2倍。

变冷理论定义了一个新的罪魁祸首：大气中的粉尘和烟雾

然而，越来越多显示由二氧化碳排放导致的世界气候变热的迹象却很快受到了一个新理论的挑战。1974年，在经历了一连串异乎寻常的冷冬之后，科

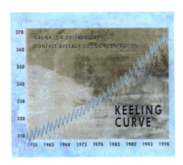

"基林曲线"曲线显示：从1958年起，二氧化碳含量的升幅达到了先前的2倍

学家们宣称：地球不是在变暖，而是变冷了。我们正在步入一个新的冰川时代。

乔治·库克拉认为，地球的温暖时代比我们原先预料的要短得多，差不多持续1万年。而我们生活的时期恰逢它刚刚度过万年生日。冰川时代随时都会降临。

变冷理论定义了一个新的罪魁祸首，它不是二氧化碳，而是大气中的粉尘和烟雾。

一场人造的沙尘暴正席卷全球。干燥国家对土地的开发，产生了沙尘，风使沙尘在空气中飘散。这些所有的沙尘暴加起来会布满世界，遮住太阳的光芒，因而会导致世界范围变冷。

虽然我们承认这一理论还不十分确定，但在一

位于夏威夷的穆纳·罗阿天文台是一个仅在一点就能代表世界气候变化的地方，这里是测定地球气候变化的理想地点

系列特定假设基础上的推算显示：如果世界充满了沙尘，变冷的理论就会赢，地球的温度会下降好几摄氏度。当然，这要以人口增长和经济增长在进入21世纪之后仍没有止境为前提。根据当今的另类理论，几摄氏度就足以引发冰川时代，事实上笔者同意，下降几摄氏度将导致冰川时代的到来。

而由于世界曾暂时出现过，至少北半球在20世纪60年代暂时出现过变冷的趋势，这里的这份理论计算产生了，它宣称：暂时的冰川时代可能起源于人类产生的沙尘。

后来，在20世纪80年代，出现了好几年炎热的夏天，因而所有关于新冰川时期的讨论消失了。那是一个很大的错误。

随后几年的研究发现，大气尘埃并不是在全世界范围内均匀分布的。它主要集中在工业区或农业区。因此，并非整个地球都笼罩在尘埃当中。所以说冷却效应是区域性的，而温室气体效应却是全球性的。

到冰雪永不消融的地方找寻几千年前飘落的雪花

有资料表明，在过去的几百万年里，巨大的大陆冰川渐渐覆盖了地球上的陆地，而后又逐渐消失。大陆冰川在经历了10次形成和消失的过程之后，地球气候看来正进入缓慢而稳定的发展时期。

气候变化理论里有一种流行的观点认为，大冰期是慢慢地到来并逐渐消失的。这种情况的发生是由于地球围绕太阳运转，并在其中扮演着很有意思的角色。地球在运转中有时会出现不稳定，导致运行轨道形状发生变化，因而影响了阳光照射地球的方位和时间。我们得到的阳光总量相同。可是为什么欧洲大陆有时会出现长长的酷暑天气，而有时候夏季却很短而且很凉爽呢？这种变化历经数万年，寒冷的气候将带来冰期，然后气候又会再次变暖，而10万年之后又变得凉爽起来。

我们需要对过去的气候形态做更多精确的记录。其答案来自天空。

雪是解开气候之谜的一个重要因素。雪从大气层中落下，为我们带来了大气样本。雪花依附尘埃而形成，雪花落下时吸附了空中的尘粒。雪花的形态告诉我们天气曾是冷还是暖，风力如何，尘埃来自何处。雪花的其他特性能

雪是会消融的，所以科学家必须前往积雪永不消融的地区。格陵兰岛上存在覆盖着地面的冰帽，这些冰帽里有上次冰川时代被包裹遗留下来的雪花

通过从雪中开采出冰核科学家们就能得到十分精确地再现历史的温度记录

告诉我们下雪时的温度。雪花就好比是历史的温度计。找到几千年前的雪花，你就能了解那时的气温。

问题来了，雪是会消融的，所以科学家必须前往积雪永不消融的地区。格陵兰岛上存在覆盖着地面的冰帽，这些冰帽里有上次冰川时代被包裹遗留下来的雪花。通过从雪中开采出冰核，科学家们就能得到十分精确地再现历史的温度记录了。在这里，他们的发现震惊了科学界。我们一直认为气候的变化要历经数万年的时间。事实是，气候变化的确

有点缓慢，但在这里发现的是：气候在数年之间也会发生变化，而不需要数万年的时间。

现在到了给出结论的时候了：温室效应确实存在，气候变暖是全球性的，而变冷是区域性的，气候变化并不像我们想象的那样缓慢，从某种程度上来说，气候是非常脆弱的。

1995年11月29日，著名的马德里会议的报告中有这样的结论："比照各类科学数据后发现，这些数据暗示着人类活动对全球气候具有可觉察到的影响。"大家能够达成这样的

共识的确来之不易。

会议就如何表述人类行为对地球气候构成影响这句话上展开了长达3到4个小时的激烈辩论。最后决定对所获证据一个一个地进行对比。大家最后选择了使用"暗示"这一词。

当有人提出使用"可觉察到的"这一词汇时，即建议将该句话表述为"对气候具有可觉察到的影响"时，众人欢呼雀跃，皆大欢喜。争论了这么长时间，终于找到了一个能够准确描述的字眼。

人们越来越清楚人类活动导致的全球变暖现象正在改变着气候。无论是变得更热还是更冷，更潮湿还是更干燥，这取决于世界的区域和一年中的时间。但所有地方都将分担比过去几百年间，或许是几千年间，所看到的极端天气要恶劣得多的气候。

以前一个世纪才能见到一次的天气现象现在每年都会发生。

多数人和科学家们都认为这种情况与全球气候变暖有关。为了人类的将来，我们必须行动起来。

说不尽的宇宙

宇宙观是人类经常要思考的一个命题。在中国远古的时候就有"盘古开天地"的说法；在西方，则有"上帝创造世界"的观点。那么我们所处的这个宇宙，到底是什么样子的？它从何而来？将来又会怎样？

从天圆地平说起

在中国古代汉语里，最早出现"宇宙"这个说法的，是在2 000多年前的战国时代，当时有一位大学者，名字叫尸佼，他生活在大约公元前400年到公元前300年之间。他提出"四方上下曰宇，往古来今曰宙"。在这里尸佼明确地提出了空间和时间的概念。

到了公元100年左右的东汉时代，当时伟大的科学家张衡又进一步把宇和宙这两个字联到一起，最早提出了"宇宙"这个说法。张衡说"过此而往者，未知或知也。未知或知者，宇宙之谓也。""宇之表无极，宙之端无穷。"非常明确地提出了空间和时间是无限的观念。宇宙在时间和空间上是无限的，这是一个非常有名的哲学命题。

在西方，与张衡差不多的时代，有一位非常有名的天文学家——托勒密，他当时在埃及的亚历山大进行天文观测。托勒密认为地球处在宇宙的中心，其他的天体都在围绕地球旋转，最外层是恒星天，所谓恒星天，就是指恒星的位置是不动的，这就是"地心说"的概念。

从地心说到稳恒态宇宙

"地心说"在西方持续了1 000多年，一直到15世纪、16世纪的时候，波兰的天文学家哥白尼根据一些天文观测的结果，发现"地心说"有很多缺陷。他认为如果把太阳放在宇宙的中心，就要比"地心说"更能够解释观测事实。于是哥白尼就在他临去世以前，出版了著名的《天体运行论》。然而在哥白尼的书出版以后的很长时间里，都没有引起公众的重视。"地心说"还是处在一种主导的地位，而且被教会引进了教义。教会认为，上

哥白尼

帝是在地球上，也就是在宇宙的中心创造了这个世界。一直到17世纪，望远镜发明了。意大利科学家伽利略，用几架小的望远镜观测天体，他发现木星周围有几颗非常亮的亮点，而且这个亮点的位置还在不断地移动。于是他马上意识到，这几个亮点是木星的卫星。此后伽利略还发现金星在望远镜里不是一个完整的圆面，而是像月亮一样，会出现圆缺的现象。这些说明什么呢？第一，金星自身并不发光；第二，说明金星在围绕着太阳旋转。伽利略在发现了这两个重要的观测事实以后，马上就得到一个结论：哥白尼"日心说"的学说是

正确的。这样也就等于否定了教会的教义。于是教会对伽利略进行了审判。直到20世纪，教会才正式为伽利略平反。这个错误的判决维持了好几百年，这件事在科学史上是一件应该引起大家思考的事情。任何一种科学的理论，一定要有一种观测或者试验的证据来支持它，这种观测或者试验的证据是最有力的。

在"日心说"确立科学史上的地位以后，牛顿提出了万有引力的学说。牛顿发现天体的运行用万有引力来解释，可以解释得非常好，行星的轨道甚至可以直接用数学公式计算

伽利略

牛顿

出来。于是在万有引力的理论基础上，牛顿提出了他的稳恒态宇宙的概念。他认为日、月、天体都是在不断地运动之中，维系它们运动规律的就是万有引力定律。基于这种认识，牛顿认为时间是永远在均匀地流失，空间自然地向四面八方伸展，时间和空间的存在是和物质没有关系的。宇宙自古以来就处在一种整体不变的状态，这样无限和永恒的宇宙观念就建立起来了，这就是所谓稳恒态宇宙。在很长一段时间里，牛顿的稳恒态宇宙处于新的主导地位。可是稳恒态宇宙的命运还不如"地心说"，几百年之后，它就被新的理论所替代了。

化解关于"仙女座星云"的争论

天文学家在研究银河系结构的时候发现，我们的太阳并不处在银河系的中心，而是处在银河系的边缘上。太阳距离银河系中心大约是3万光年，望远镜发明以后，人们在观测天体的时候发现，天上能够看到的天体并不只是一些恒星，还有一些看起来是有扩展、有一个平面结构的带有某种形状的光源。其中最亮、最有名的就是在北天可以看到的仙女座大星系，在历史上它曾经被叫做"仙女座星云"。20世纪初，美国曾经因为这个"仙女座星云"发生过一场非常有名的争论。当时有两个资深的天文学家在进行这一场争论。美国里克天文台的柯悌斯认为"仙女座星云"是银河系之外的天体，而另一位天文学家也举出了一些证据，认为"仙女座星云"是银河系内部的天体。当时，由于双方的证据都不够强有力，这场争论就不了了之了。就在此时，一位年轻的天文学家在威尔逊天文台进行了天文观测，他的观测使这场争论最后有了一个非常明确的结果。这个人就是为天文学作出重大贡献的哈勃。哈勃在研究"仙女座星云"时发现了一些"造父变星"，我们知道，天上有一些行星的亮度在不断地发生变化。有一些变化是有规律、有周期性的。"造父变星"就是这一类有规律的周期性变星。哈勃发现在"仙女座星云"里的"造父变星"的光变周期是非常长的，但是它的亮度又非常低，哈勃通过进一步计算，确定了"仙女座星云"的距离。他当时计算的结果大概是70万光年，而我们银河系的直径大概是16万光年。

仙女座星云

所以"仙女座星云"就不可能是银河系内部的天体。这样20世纪初的那一场非常著名的争论，也就有了一个结果。

那么"仙女座星云"到底是一个什么样的天体？后来就发现这个"仙女座星云"实际上是和我们自身所在的银河系一样的非常巨大的恒星系统。其中大概有2 000亿到3 000亿颗恒星。这样就使我们人类对宇宙的认识又有了一个非常重大的飞跃。迄今为止，已经发现了几百亿个像我们太阳系所在的银河系这样巨大的恒星系统，现在观测到的最远的河外星系，到我们之间的距离超过了100亿光年，也就是说我们所在的宇宙，不小于100亿光年。我们的望远镜越造越大，我们的观测技术越来越发展，我们能看到的距离也就越来越远。但是到现在为止，并没有发现任何宇宙有边界的迹象，我们能不能说宇宙是无限的呢？在科学上，我们还不能这么说。因为一切应该是以观测或者试验的证据为基础，所以说宇宙在时间上和空间上是无限的这个说法更多的是一个哲学上的命题，而不是一个科学上的命题。

膨胀的宇宙

我们现在认识到的宇宙比以前大得多了。有很多天文学家在河外星系被确认前后这一段时间，开始研究它们的光谱。我们知道，从一个天体来的光被我们接收到以后，通过一些分光元件，就能把它分解成一道一道的光谱，这些光谱里实际上携带了许多非常重要的信息。我们了解地球以外的天体，更多的是通过分析它们的光谱。右上图就展示了河外星系的光谱，在这里我们获得的一个非常重要的信息就是关于河外星系光谱的红移问题：距离我们最远的河外星系，它的光谱里吸收线就移到了光谱的红端，也就是说距离我们越远的星系，它的谱线就越向红端移动。而且运动速度越快，向红端移动的

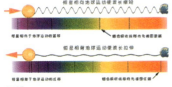

红移

范围就越大，这就是所谓谱线的红移。

通过对谱线分析我们发现几乎所有的河外星系的光谱谱线都发生了红移。越远的星系，它的红移量就越大，这说明了两个问题：第一，所有的河外星系都在远离我们运动；第二，距离我们越远的河外星系，远离我们运动的速度就越快，或者说是退行的速度越快。

大家注意，这是一个观测事实，而不是哪个理论学家提出来的。而且谁去观测，都能观测到河外星系谱线的红移，这导致了一个新的学科的诞生，就是宇宙膨胀学说，这一学说告诉我们宇宙现在正处在一个不停地膨胀之中。星系是宇宙中物质的一种主要的表现形态，它有宇宙岛之称。所有的星系都在远离我们运动。这些图展示了在哈勃太空望远镜下我们所发现的众多的河

宇宙

外星系。其中一些椭圆的物体都是河外星系。

宇宙将向何处去

有了宇宙膨胀学说以后，新的问题就来了。既然宇宙中这些河外星系在不停地远离我们运动，在向四面八方膨胀，假如我们把时间向回推的话，比如说1亿年前，那么这些河外星系的距离是不是比现在要小一些呢？距离我们更近一些呢？这从逻辑上讲是正确的。那么如果你继续往回推的话，它们的距离本来应该更近一些。那么不断地往回推，最终可能出现这样一种情况，就是最早它们都在一个点上。这样的一种理论，是比利时天文学家勒梅特最早提出来的。他认为最早的时候，存在着一个所谓的"原始原子"，这个"原始原子"后来发生了一次爆炸，"原始原子"的物质开始向四面八方分散开来。爱因斯坦在提出广义相对论以后，有一次亲耳聆听了勒梅特一个科学报告，勒梅特在这个报告里把他的"原始原子"这个概念提了出来，爱因斯坦听完以后当即表示：这是我所听到的最好的一个科学报告。从那以后爱因斯坦就在一定程度上支持大爆炸学说。

大爆炸理论站稳了脚跟以后直到现在，根据最新的研究结果，我们看到宇宙仍在膨胀中，而且膨胀还在加速。在这里请读者思考一个问题：现在宇宙在膨胀，根据万有引力定律，宇宙中的物质应该集中到一点上，并因引力存在，它们的距离应该越来越近。由于大爆炸以后的惯性，向四面八方膨胀的一种力抵消了万有引力，膨胀的力暂时占了优势。所以宇宙才能处在现在的这样一种膨胀的状态当中。那么会不会有一天膨胀的力减弱了，由于万有引力的存在，宇宙又会向一个中心去坍塌呢？

斯蒂芬·霍金曾经说过一句话：无论如何，科学的力量在于，凡是未经试验验证的东西，就不能被认为是真实的存在。

宇宙究竟会如何发展，仍需要不断地探索与研究。

通古斯大爆炸

一百年前，神秘"天外来客"造访地球，引发了一场毁灭性的巨大天灾；一百年中，这一神秘事件一直吸引着科学家们的不断探索，虽然科学家们给出了无数的答案，但均不能令人满意；一百年后的今天，天文学家们认为：他们已经破解了这个困扰人类百年的自然之谜。

1908年6月30日凌晨7时左右，在印度洋上空，一个巨大的"怪物"从九天之外迅猛闯入了地球的大气层。人们看到：一个可与日争辉的大火球以风驰电掣般的速度、带着可传到上百千米之外的呼啸声向着遥远的北方冲去。没过多久，俄罗斯西伯利亚通古斯（东经101度，北纬60度55分）的上空就传来了震天撼地的巨响。接着，天空中发出强烈的白光，一团蘑菇状烟云直冲19米高空，灼热的气浪此起彼伏地席卷了整个浩瀚的泰加森林，大地震颤不已……这一灾难的波及面极广：它导致英国伦敦的许多电灯竟突然熄灭，它引发的地震还波及到美国的华盛顿、印度尼西亚的爪哇岛等地。它使当地的气象站记录到了阵风形式的冲击波；使全球的地震网站都测到了地震波，均认为那里发生了一次地震；而全球的地磁台都记录到了地磁的扰动（磁暴）。

随后的一段时间，连日燃烧的熊熊林火焚毁了爆炸中心周边2150平方千米范围内的6000万棵树；从西伯利亚到北欧的上空布满了罕见的光华闪烁的银云。霞光万道的夜间使得远在西欧、北欧的人们在爆炸后的几天内竟然能在夜间不用灯火看报；整个北半球上空的臭氧层出现了大空洞……事后经计算，这次奇怪爆炸的能量相当于1000万~1500万吨TNT炸药，是第二次世界大战末期美国投放在日本广岛原子弹爆炸当量的1000倍！

这就是通古斯事件的整个景观。

百年间不断的科学探索

众所周知，1908年时的沙俄正处于旧政权行将覆灭的动荡时期，当时的

爆炸中心点出现的巨坑

俄罗斯广大内陆地区都异常地贫穷落后，而通古斯又地处偏远，故在"通古斯事件"发生后根本就顾及不到组织科考活动。1917年"十月革命"后，新成立的苏联忙于恢复国家秩序、解除内忧外患，也顾不上科学考察。因此直到1927年，才有一位精通陨石分析的苏联地质、矿物学家库里克倾家荡产筹措经费进行了一次个人行为的实地科考。

在这次科考中库里克发现：爆炸中心是一个50米直径的大坑，周边30千米范围内是一片焦土，而在1 000平方千米以内所有的过火林木都四向倒伏。更奇怪的是，在巨坑内他不仅没有找到任何一块固体的大石头，就连铁石头、铁块都没有，只有一些粉尘。而当地数量稀少的少数民族居民对这一事件都怀有一种恐惧的心理，认为这是愤怒的上苍对下界万恶世人的惩戒，故对这一灾难事件都三缄其口。而能听到的都只是一个个神话般的传说，很难从中发现研究线索，没有科研价值。

此后一直到苏联卫国战争开始的这一时间段内，库里克又先后5次对通古斯爆炸现场进行了考察。通过深入勘查和大量走访，他获得了不少有价值的发现：

——事发之时，距事发中心30千米之外有牧民被气浪给掀翻了。

——事发之时，距事发中心70千米之外牧民晾晒的皮袄被烧焦了。

——事发之时，距事发中心250千米处一位背向事发地点的牧民被冲击波冲到了牛栏上，折断了肋骨。

——事发之时，大约有一两千头当地人饲养的驯鹿死伤。它们之中有的是被烧死的，有的是被冲击波冲到树上撞死的。而幸存下来的驯鹿皮肤上长出了一种从未见过的疥癣。

——事发之时，距事发地点南近1 000千米处的伊尔库茨克市，一列即将启动的列车行李架上的行李纷纷落下。

——整个灾难事件过程中，估计有上千万株树木被焚毁。

遗憾的是，这位执著的科学家在第二次世界大战中惨死于德国纳粹的集中营中，他的考察记录、研究成果也在战火中散失殆尽。

到了1958年，这时苏联的综合国力与第二次

世界大战前已不可同日而语。于是，当时的苏联科学院正式地组织了一个国家级的"通古斯事件"的考察队。这次考察事前经过了周密的计划、组织了多学科的专家学者、运用了当时较先进的技术与设备……总之是下了大力量的，最后发表了许多考察结果。到了1998年，也就是"通古斯事件"发生90周年之时，现俄罗斯科研机构组织了一次大型国际会议，多学科领域的众多科学家不仅在莫斯科和列宁格勒参加了会议，还远赴西伯利亚的通古斯进行了实地考察，最后同样也出了会议文集。这两次考察在库里克当年创始性、开拓性考察的基础上又有了新的发现：

——通过对爆炸区的泥土进行高度放大，结果发现有球状的硅酸化合物和磁铁矿。它们的大小仅有几个毫米左右，其中有些磁铁矿颗粒黏成一串，有些甚至钻进了透明的硅酸盐颗粒里去。

——在爆炸区的地下和树上发现了成千上万颗亮晶晶的小球，这些小球像子弹一样深深地嵌在里面。经过分析，在这些小球中发现了钴、镍、铜和锗等金属。

——调查对比后发现，通古斯大爆炸的效果跟核爆炸的效果相仿：雷鸣般的爆炸声、冲天的火柱、蘑菇状的烟云，还有剧烈的地震、强大的冲击波和光辐射等。

——现通古斯爆炸区的地表现象与受核污染地区的十分相似，植被稀疏。

——劫后驯鹿皮肤上长出的疥癣与广岛原子弹爆炸幸存者身上原子弹辐射造成的伤疤照片存在某些类同。

——爆炸区附近的树木具有超出常规的放射性。

鉴于受到当时人类科技水平的局限，对通古斯大爆炸之谜虽有解释但并无定论，它仍深深吸引着及长期困扰着渴望以充足的论据揭开谜底的研究者们。与此同时，这一罕见天灾也给人类留下了广阔的猜测与想象空间。

引人入胜的种种遐想

虽然库里克在第二次世界大战中惨死于德国纳粹的集中营中，他对通古斯大爆炸考察的原始资料、原始记录也都在战火中消失了，但他毕竟还有一些正式发表的文章和答记者问存世。于是，这些只言片语被一些猎奇的媒体大肆渲染，从而引发了后来引人入胜的种种猜测：

——认为通古斯事件是外星人的运载工具在地球着陆之前因发生事故而坠地焚毁所造成的。据说爆炸物在印度洋上空还曾有过变轨行为，不像是普通的自然物。这个说法相当普遍，具有一定的代表性。但问题是，若证实是非自然物引起的，那么被全球科学界和政府否认的外星智能飞行器已光临过地球的传说就将变为现实，引起的震动将无比巨大；若能否认，那么外星文明的传说还是天方夜谭，人类的感觉还会良好。

——认为是外星人的核事故。因为在通古斯大爆炸的1908年，地球人尚未认识核物理，也不知道有核能。但是有的思想家或作家认为外星人比我们更先进，在那个时候他们早就掌握了比地球人更先进的科技，懂得了如何利用核能。所以，他们乘坐一个核工具来拜访地球，但是这个核工具在地球附近出事了，最后正好落到了通古斯上空，于是就发生了

通古斯大爆炸。

——认为这是宇宙活动中的一个特例，就是"物质跟反物质湮灭"。理论物理学家认为，宇宙中应该而且极其可能存在着的一种物质——反物质，这种物质跟宇宙中的一切物质——正物质都相反，是人们已知宇宙物质的镜像。鉴于它与宇宙物质之间的物性正好相反，故当它们相遇时就会立即化做巨大的能量。科学家们将这个过程称之为"湮灭"。接下来人们预测，通古斯大爆炸的起因可能是那一天正好有正物质和反物质在通古斯上空相遇，然后激烈地散发出能量的结果。但是，究竟在可观测宇宙中能不能找到反物质至今还没有科学依据，故这个说法还只是一种假说。

——认为同霍金理论物理"迷你黑洞（微型黑洞）说"有关。霍金认为迷你黑洞是宇宙诞生时候出现的，在宇宙中布满了这种迷你黑洞。迷你黑洞的体积极小但质量极大，其信息难以向外传递。恰巧地球在1908年那时候正好

运行到一个迷你黑洞的附近，鉴于两者引力相仿，于是迷你黑洞进入地球大气释放出能量而导致通古斯大爆炸。

综上五花八门的猜测不难看出，在未获令人信服的真凭实据之前，通古斯大爆炸还将一直是地球上的未解之谜。

天文学家的推论

随着人类科技的进步，随着对通古斯大爆炸研究的深入，天文学领域在大量事实的基础上、经过缜密的逻辑推理后认为：通古斯大爆炸是因一个小天体跟地球相撞而导致的，这个小天体可能是彗星，也可能是一颗近地小行星。

现在人类已知道的小行星超过50万个，它们主要都集中在火星与木星的轨道之间。鉴于小行星的质量远远小于地球，而木星质量又是地球质量的318倍，故如凑巧当时一个小天体走到了木星的轨道附近时，木星的引力场就对其施加万有引力，从而导致这颗小天体变轨。变轨

的情形可能是这个小天体不再围着太阳转了，被甩到木星之外；也可能被甩进了木星轨道之内。而被甩进来的小行星虽还围着太阳转，但它的轨道已变成了一个椭圆轨道。当它沿着这个椭圆轨道来到地球附近时，就被称之为近地小行星。这只是近地小行星的来源之一；此外，近地小行星的另一来源是这样的：在太阳系早年的天空中存在着多达上百万个小行星。随着天体的运行，它们逐渐地从混沌状态变成有序化——都变成了沿着逆时针方向，以近似圆形的轨道围绕着太阳转。鉴于数量繁多，它们之间就不免会发生碰撞，于是就有一些可能被撞到了地球附近，变成了近地小行星。

另外，天文学家指出：除近地小行星之外彗星也有可能是导致通古斯大爆炸的原因。彗星同样是太阳系的成员，从1992到2004年间天文学家用光学望远镜观测到在海王星之外存在着一条"柯伊伯带"，迄今为止已观测到的有700个小天体，且有可能更多，人们将其称之为"柯伊伯带天体"。那里是短周期彗星的发祥地。其中有一颗发源于此的称为"恩克"（以发现者德国科学家恩克命名的)的彗星在18世纪80年代被人类发现，继而又观测到它在19世纪破碎了，被一分为几。科学家们通过对通古斯爆炸现场提取的标本进行分析，推算出了冲撞地球的小天体的质量及运行轨道，认为它极有可能是恩克彗星的一个残片。

模拟回放通古斯大爆炸

根据以上两种可能，天文学家在现有资料的基础上进行了一次对通古斯大爆炸的模拟：1908年6月30日凌晨，一个直径约60米，石、铁质的小天体与地球相遇。受地球庞大质量产生的引力的吸引，它以每秒25千米的速度、以30～35这样的入射角撞向地球。当它进入地球大气层后，由于摩擦生热在距地面8.5千米的上空爆炸、裂碎、汽化，形成了一个高温的气柱冲击波。这个冲击波造成了通古斯地面50米直径的大坑，但不会留下任何残片。鉴于这次冲撞十分剧烈，以至使地震台记录到地震波、地磁台记录到地磁扰动、上空出

在通古斯事件中，数千万株树木被焚毁

现辉光、北半球上空出现臭氧层空洞……

综上，通古斯大爆炸这个百年自然之谜在天文学家的眼里已经被破解了，但它对人类的长期困扰毕竟给人类创造了太多的想象空间，而又有谁能彻底否认这些想象呢？人们希望以上的结果就是定论，以结束这百年的纷争、消除无端猜想给自己带来的恐惧；同时人们也希望这不是定论，企盼着新的发现来满足无尽的好奇心与求知欲。

超越视觉极限

16世纪的荷兰，一个顽皮的孩子手拿磨废的眼镜片把玩，当他不经意间把一面凹透镜和一面凸透镜叠在一起看世界时，奇怪的事情发生了：远处的教堂塔顶、树木不但变大了，好像还拉近了。最早的望远镜就这样诞生了，人类从此可以将遥远的天体拉近，而目前最大的天文望远镜，其镜面直径竟然达到了10米。

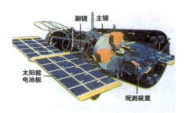

哈勃空间望远镜的剖面图

哈勃望远镜

超越视觉极限

人类总是想不断延伸自己的感觉系统，说话时希望声音更大一点，传得更远一点，于是就有了各种扩音设备，还发明了广播。而当人类想要把视野再延展一点时，望远镜就被发明了。古人欲穷千里目的理想，不用更上一层楼也可实现了。那么到底是谁实现了这一理想呢？

伟大的发明其灵感来自于孩子无意间做成的玩具。

其实，望远镜这项对人类非常重要的发明，是一个名叫利帕希的荷兰眼镜店商人发明的。在16世纪，荷兰的放大镜和眼镜业都已非常发达。眼镜商人利帕希有3个非常淘气的孩子，他们经常拿一些磨废的眼镜片玩耍。一次，其中一个孩子把一面凸透镜和一面凹透镜叠在一起，这时，奇怪的事情发生了：远处的教堂的塔顶、树木不但变大了，好像还拉近了。利帕希被兴奋不已的孩子们吸引了过来，而他从叠在一起的两面凸凹不同的镜片中看到了奇异景象后，受到很大的启发，于是就找了一根粗细合适的金属管，把凸透镜和凹透镜组合在一起，调整好适当的距离，世界上第一台望远镜就这样诞生了。

很多人都知道，最初的望远镜是和军事领域的用途有关的，没错，利帕希的发明确实首先被运用在了军事上，这得益于利帕希精明的商业头脑。当他发明了望远镜以后，他马上意识到这是个极具价值的发明，就把它卖给了当时的荷兰国会，获得了专利权，国会不但给了他一大笔奖金，而且还告诉他能否继续研制出一个两只眼睛能看的望远镜，这在军事上是很有作用的。

在伽利略的手中，望远镜让人类越看越远

此后，虽然荷兰军方想方设法封锁这个秘密，可是这个消息还是很快就传遍了欧洲各国，在利帕希发明望远镜的第二年，意大利物理学家伽利略就从他的同行那里得知了这个发明。

1609年，一件物品来到了意大利，它戏剧性地彻底地改变了伽利略的人生。它把伽利略卷入疑虑的漩涡之中，并几乎要了他的性命，这就是望远镜。

尽管这副最早的望远镜还很原始，与一件新颖的玩具差不多，伽利略还是对它神奇的魔力惊叹不已，在他的手中，望远镜不可逆转地改变了人类观测世界的方式。

伽利略在看到了望远镜的当晚就制作了自己的第一副望远镜。这仅仅是开始，伽利略将整个工作间用于制作望远镜，为的是要造出放大效果更好的望远镜，于是他很快就成功了，制作出了30倍率的望远镜。接着，他激动不已地用这副望远镜对准太空。

从望远镜里所看到的太空景观令伽利略非常吃惊，太空向他展示了自己的秘密和奇妙。每一次新发现，都向他提供了地球转动的证据。而伽利略所看到的景象，更是令这位17世纪时的观测者叹为观止。在30倍率的望远镜下，观看月球真是太美妙了，太令人愉快了。同时只要动动脑子，我们就可以肯定月球表面并不是光滑平坦的，而是粗糙不平的。就像地球本身的表面一样，到处都凹凸不平，有巨大的沟壑，高耸的山脉和深深的峡谷。

新的发现一个接一

早期的望远镜

个，人们发现银河是一个巨大的星团，那里有过去从未见过的星体，伽利略说其数目之多，几乎令人难以置信。他还发现木星周围的4颗卫星是绕着木星运转的。几乎在开始研究夜空的同时，他就发现金星肯定是绕着太阳，而不是绕着地球运转，这就进一步肯定了哥白尼的地球绕着太阳运转的理论是正确的。

伽利略还把他的一台望远镜送给了他的好朋友开普勒，开普勒是继哥白尼以后，另外一个太阳中心说的忠实支持者。可以说，如果没有天文望远镜的帮助，开普勒也无法证明哥白尼的日心说。

牛顿也为望远镜的改进作出了贡献

伽利略的望远镜虽然对天文学作出了很大贡献，但那时的望远镜有两个无法解决的问题。第一个是观察者所看到的图像的周边总是有一个彩圈，这无疑影响了所观察物体的准确性；第二是再远些的图像不够清晰，伽利略起初认为只需把镜筒加长就能看清了，但这样做无济于事。

最后，这两个问题被伟大的科学家牛顿给解决了。

牛顿不仅在数学、物理学、天文学等方面有很多非常重要的理论贡献，而且还有不少伟大的发明，反射望远镜就是其中之一。伽利略的望远镜是折射望远镜，顾名思义，就是用透镜做物镜将光线汇聚的系统。从小动手能力就特别强的牛顿根据他的知识背景，特别是对光学知识的了解，找到了伽利略折射望远镜图像不清晰的原因，并发明了一种反射式望远镜。

在1672年3月25日的《哲学学报》上，牛顿并没有公开他的发现，而是利用他自己在制作模型方面的技能，将他的新理论应用到一个实际的问题上，这就是望远镜。

牛顿到底是怎样解决这两个问题的呢？在艾萨克·牛顿之前发明的老式望远镜是一种折射型望远镜，通过透镜后，白光被分解成多种颜色，于是在你看到的影像周围便出现了彩色的像差。而艾萨克·牛顿制作的望远镜使用的是反光镜，所以白光就会被折射或分解，彩色像差不见了，看到的影像非常清晰。而且在相同的放大倍

牛顿和他的反射望远镜

数下，牛顿的反射望远镜比伽利略的折射望远镜外形小得多，在玻璃加工工艺的限制条件下，放大倍数又可以大幅增加了。剑桥的一位同行最终说服牛顿，将他的反射望远镜介绍给皇家学会，科学界的精英们无不为之惊叹。至今，反射望远镜还被广泛运用在天文学研究领域。

从利帕希磨镜片开始，各式各样的望远镜在军事、天文领域已经成为了不可缺少的工具之一，现代的人们已不满足在地面上观看了，还把望远镜装到了天上，这就是哈勃空间望远镜。在天上它每天都要向地面传送非常精美的图像，而地面上对这些天文望远镜的研制也是越来越大。为了看得远，前

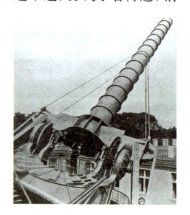
早期的折射望远镜

面的镜片越磨越大。全世界现在已经有16架直径超过5米的天文望远镜。其中最大的一台，咱们叫它霸王天文望远镜，它的镜面直径竟然达到了10米。

放大万物和观察星空的诱惑是不可抗拒的，它最终引领人类走进超越视觉的宏观世界。

他们与望远镜

望远镜最初传到欧洲其他国家时因其是从荷兰传出的而被称为"荷兰柱"。明朝时，德国的传教士汤若望把望远镜传入中国，它又有了一个更形象的名字，叫"千里镜"，汤若望不仅带来了实物，还把制作望远镜的知识也带到了中国。后来崇祯年间的大学士徐光启就按照这个方法做过几架望远镜，崇祯皇帝也亲自用这个望远镜看过天象。

望远镜到了中国以后，很多官宦只是把它作为玩具摆放在家中。有一些武官发现了望远镜的军用价值，郑成功收复台湾以后，在临终之前强打精神拿着他的望远镜还在那儿

看，看澎湖那边有没有船只过来，表达了他用望远镜观望祖国大陆的心境。

清朝有个宫廷画家郎世宁，他画过一张香妃戎装像。香妃披盔戴甲，手里非常令人瞩目地举着一具单筒望远镜。

在军事上说，从清朝的战争到后来抗日战争、解放战争，望远镜一直是非常珍贵的物品。望远镜在军事上也代表了一种指挥权。在抗日战争取得胜利日本的侵华司令冈村宁次投降之时，交上了三样东西，一个是手枪，一个是指挥刀，还有一个就是他的望远镜。

彭德怀元帅在贺龙元帅挺进大西南之前送给他一份礼物：一筒烟丝。然后贺龙元帅就回赠他一样礼物，是一具从敌军那里缴获的大倍率的军事望远镜。彭大元帅是特别地喜欢，拿在手里把玩了好久。

望远镜的分类

望远镜按所用物镜的不同分为折射望远镜、反射望远镜和折反射望远镜。折射望远镜是用透

镜做物镜将光线汇聚的系统。世界上第一架天文望远镜就是伽利略制造的折射望远镜，它采用凸透镜为物镜。由于玻璃对不同色光的折射率不同，折射望远镜会产生严重的色差，因此，后来的折射望远镜多采用复合透镜作为物镜，即由两块以上的透镜组成，用以消除色差。根据光路的不同，折射望远镜分为伽利略望远镜和开普勒望远镜两种。通常折射望远镜的相对口径较小，即焦距长，底片比例尺大，从而分辨率高，比较适合于做天体测量方面的工作（如测量恒星的位置、双星的角距等）。

反射望远镜的物镜是反射镜。为了消除像差，一般制成抛物面镜或抛物面镜加双曲面镜组成卡塞格林系统。在这种系统中，天体的光线只受到反射。目前反射望远镜在天文观测中的应用已十分广泛，由于镜面材料在光学性能上没有特殊的要求，且没有色差问题，因此，它与折射系统相比，可以使用大口径材料，也可以使用多镜

全世界最大的单镜面光学望远镜

面拼镶技术等。磨好的反射镜一般在表面镀一层铝膜，铝膜在2 000～9 000埃波段范围的反射率都大于80%，因而除光学波段外，反射望远镜还适于对近红外和近紫外波段进行研究，因此较适合于进行恒星物理方面的工作（恒星的测光与分光）。目前设计和建造的大口径望远镜都是采用的反射系统，遗憾的是反射望远镜的反射镜面需要定期镀膜，故它在科普望远镜中的应用受到了限制。

折反射望远镜，顾名思义是将折射系统与反射系统相结合的一种光学系统，它的物镜既包含透镜又包含反射镜，天体的光线要同时受到折射和反射。这种系统的特点是便于校正轴外像差。以球面镜为基础，加入适当的折射元件，用以校正球差，得以取得良好的光学质量。由于折反射望远镜具有视场大、光力强等特点，适合于观测延伸（彗星、星系、弥散星云等）天体，并可进行巡天观测，较适合天文爱好者使用。

太空移民

　　深邃的太空,是一个令人神往的奇妙世界。古今中外人世间有多少神话故事、科学幻想,期待着人类有一天能够"上九天揽月",移居"天上人间"。如今,随着地球人口爆炸,可利用的资源日益短缺,人们寻求地球以外移居地的愿望愈来愈强烈。经过艰难的探索,直至付出生命的沉重代价,终于在太空建立了人类空间站。自从这个太空基地建立以来,科学家们更是挖空心思考虑如何把空间站建设得更加合理实用,最终寻找到地球外理想的居住地。

国际空间站

可以重返地球。

　　杰拉德奥尼尔教授的观点代表了一部分科学家的愿望,那么,人类的这个美好愿望是否能够实现呢?

国际空间站,纪元第三个千年人类梦想的居住地

　　1957年10月4日,苏联成功发射第一颗人造卫星,从此打开了放眼宇宙的大门。从那以来,人类已先后向太空成功发射了各种卫星、飞船探测器,并顺利地登上了月球。人类移民太空似乎将不再是遥不可及的科学幻想。

　　1984年,人类迈出了具有决定意义的一步:在距地球400千米的太空,建立了一个足球场那么大的包含供给舱、运输系统、实验室等国际空间站。

　　2001年,意大利的安伯托成为首位登上国际

令人神往的浩瀚太空

　　1969年,美国普林斯顿大学教授杰拉德奥尼尔指出,地球已经到了承受人类发展的极限。要永久性地解决人口、生态、资源等问题,最好的办法是在太空建造太空城,逐步把人类移居到地球周围的太空城中,让地球长时间按自然力的作用进行重新改造和恢复,几百年甚至上千年后,地球会在无人干预的情况下,轻装上阵,重新变得生机勃勃、动物成群、绿树成荫、万象更新。到那时如果有必要人类将

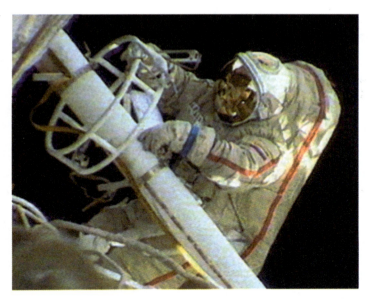

宇航员在国际空间站进行太空行走维修

空间站的欧洲宇航员。到2005年，已有7名宇航员在国际空间站的固定基地生活和工作。

从此，科学家们进一步对建立太空城提出了各种各样的设想。其中美国科学家提出的一种设计方案是：将太空城建成一个旋转的圆筒，圆筒的一端对着太阳，另一端为半球形，一座半径100米、长4 000米的圆筒太空城可容纳约1万名居民；另一种设计方案是：轮状的旋转太空城，其直径为2 800米，轮圈直径为300米，轮的外缘为太空城的地面，内缘为太空城的顶部，"屋顶"由透明的材料做成天窗，阳光从天窗射进来，经过调节，使太空城明亮温暖如春。

人类国际空间站是一个系统的工程，仅从建筑材料来说，并不是地球上所有的建筑材料到人类空间站都能使用，因为人类空间站使用的材料必须是不释放水蒸气的。这样一来，目前可供使用的材料只有几种，其中铝和炭纤维算是最好的材料。

此外，还必须考虑到重量。以生物反应器来说，这种设备能使细胞存活数个星期并进行繁殖。这是我们在地球上看到的约一人高的箱子，除保持其功能不变外，必须减轻它的重量，将它的体积缩小为8厘米×4厘米×2厘米，才能在太空使用。

太空中的建筑设计，体现的绝不是未来主义风格，专家们只信赖那些经过测试并经实用检验筛选出来的最可靠的设计。比如普通的搬钮开关，它的设计已经有60多年了，功能极为可靠，而现在的传感系统开关却不好说。这就是为什么在太空使用的技术看起来好像落后了。

专家们正在用新的方法进行试验，比如，利用抛物线式飞行检验建筑材料的性能。这听起来令人毛骨悚然，因为它要求飞行员驾驶改装的空中客车以45°角向上飞行，然后自由下落，之后再拉起来，如此重复这种操作40次。这样几乎能模拟出从2倍重力加速度到完全失重之间的状态。

欧洲宇航中心主任恩斯特·梅赛施密德说："抛物线式的飞行可以提供失重状态的时间达25秒。这主要用来进行科学研究，也可以用来训练宇航员。

欧洲宇航中心主任恩斯特

但宇航员真正的训练只能在水箱中进行，因为这和真实的环境很相似，比如这种长达6~8小时的飞船外部作业训练。"

在水箱中训练，是靠水的浮力来模拟失重的感觉。宇航员用这种方法练习在太空中需要做的动作。比如，这个小组正在训练如何在哥伦比亚号实验室里更换工作架。他们要在水中熟悉，在不受地球重力影响的情况下如何生活和工作。

那么如何保证远在国际空间站上宇航员身体的健康呢？班尼·厄尔曼·拉尔森博士告诉我们："国际空间站离地球很远，离我们在地球上的日常生活更远。假如真的遇到了严重的问题，我们可以在几小时之内，把人撤回到地球来。"

实际上，我们可以做

到大量的数据就在卫星、国际空间站、医生三者之间即时传送，通过高度精确的监控系统，对宇航员的身体状况进行定期检查。

班尼·厄尔曼·拉尔森说："如果空间站发生必须立即采取行动的情况，地球上全天候跟踪宇航员的医护小组，就会立即行动，用通信系统实时跟踪事态的发展。"

"生物圈二"号——失败难阻人类继续探索的步伐

不管人类驾驶宇宙飞船飞到哪里，人类始终离不开自己的地球母亲，来自地球的水、空气、食物、衣服、燃料等都需要从地球运送到太空。为此，欧洲航天技术中心的科学家一直在研究一种新的传送

器，为宇航员提供补给。

"阿里乌5"号是高级阶段的自动传送机。计划每年飞行一次，每次向人类空间站运送9吨的补给品。自动传送机可以独立在空间站着陆和起飞。但每运送1千克的物品要花费2.2万欧元，价格极为昂贵。这只是供应有限的宇航员必需的物资。如果要实现向人类大量太空移民的物资供应，费用将更为昂贵。为此，科学家正苦苦寻找其他替代办法来保证空间站的补给。

制造新的可再生系统就是科学家们追求的目标。人类所居住的地球是一个可再生系统，这个系统的基本要素是土壤、大气、地球引力、磁场等等。在这里微生物能够很自然的处理某些事情，我们不

被送入绕地轨道的自动传送器

用做更多的努力，就可以得到空气、水、食物和能源。于是，有些科学家设想：为什么不复制一个我们居住的地球环境，制造一个"小号地球"呢？

1991年，被命名为"生物圈二"号的"小号地球"在美国亚利桑那州建立。这是一个巨大的温室，面积有足球场大小，里面是复制的地球各种环境：有热带雨林、海洋、湖泊、草原，还有沙漠等，还安置了2 000多个传感器。然而，害虫却不成比例地大量繁殖，影响着动植物的生长，结果有用的植物死掉了。虽然在控制和测量技术方面有着先进的理念和巨额的投资，但18个月后科学家们不得不在现实面前认

输了。因为自然界的事物之间有着千丝万缕的联系，复杂得无法想象。目前几乎不可能复制出地球的任何模型。

"生物圈二"号的试验虽然失败了，但科学家们并未停下探索的脚步。科学家们认为必须从很小的系统开始研究，只监视几种要素，以后逐渐扩大，100年后则有可能建成一个巨大的生物圈。

实际上，科学家对小规模的可再生系统的研究，比如氧气的再生问题，已经取得了初步的成功。

生命维持系统专家威利格特·拉特森介绍说："在空间站，一名宇航员一年要消耗约320千克氧气。如果7名宇航员大概需

要26 880千克氧气。他们呼出的2 500千克二氧化碳只能排入太空。"

二氧化碳含有人们呼吸所需的氧元素，科学家花了15年时间研究如何利用舱内用过的空气来再生氧气。其过程是将水电解为氧气和氢气，将氧气直接充入舱内。氢气则被加入催化转化器，与二氧化碳反应置换出甲烷和水蒸气。生成的水再用来电解，继续生成氧气和氢气。在这个循环过程中，最重要的元素是水。

目前人类空间站水的来源由航天飞机把水运送，另外航天飞机的燃料电池也可以生成水，航天飞机到达人类空间站后，这些水就留在空间站使用。

中国随着"神舟五"号载人飞船成功升空，成为一个新的"外空来客"，参与国际合作是大势所趋。中国期待着能向国际空间站发射载人和货运飞船。

移民火星，断言天方夜谭为时尚早

人类在计划建立空间站向太空移民的同时，还

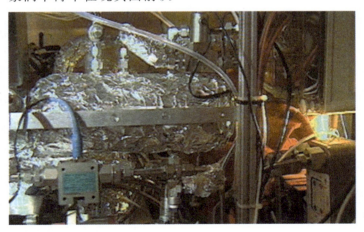

复杂的氧气再生系统

向外星寻找新的移民居住地。其中火星就是科学家们关注的一个目标。

火星这个科幻小说中的常客，人类要是在这颗红色的行星上生活就像住在2倍于珠穆朗玛峰的高度上。火星的空气中仅含有极少量的水分，其大气压力只是地球海平面大气压的1%；无论白天还是夜晚，温度都在−17.8℃以下。

由于到火星要花很长时间，所以现在我们只能借助无人驾驶飞船来进行探测。目前，火星探测器发送回来的照片显示，那里根本没有火星人那样的生命，但也有意外的发现。哈特马特·桑格认为："从最新的火星表面侵蚀的照片看，我们认为火星上曾经有过大量的水，那部分曾被水覆盖，而且火星以前的大气密度也比现在高。我们知道，在冬天我们可以看到火星两极有冰一样的东西，实际上那是二氧化碳，据目前所知，火星和地球最为相似。"

所以数百万年前那里很可能有过生命。今天，人们仍然认为，40亿年前我们的邻居曾是一个炎热、潮湿、河流纵横、甚至有过海洋的星球。但后来，火星的气候越来越干冷，厚厚的冰层覆盖了河流。

移民火星效果图：在遥远的火星上，人们在机器人的服侍下品着咖啡、欣赏着窗外的美景

最近，欧洲航天局的"火星快车"号飞船从火星发回的图片显示，火星可能存在大量的水源，这些水源可能在极深的地下或地下热泉中。

国际研究人员正在建造一个火星试验站，以进行"极端环境生活实验"。试验站必须符合特定的要求，尤其是对试验站里人员的需求。

那里所有的科学家都要从事正常的现场勘查，而且必须想象自己是在火星上。如果要离开试验站，就必须穿上太空服，穿上它你就会想，我能弯腰吗？我能采集样品吗？这些都要试验。还有如果有人在站外受伤了怎么办？

无论如何，也许有一天我们可能会离开太阳系，寻找到另外一颗星球来居住。那时候我们的科学技术已经允许我们走得越来越远，找到适合人类居住的另一个星球。这不仅是我们的想象，更是我们的一种愿望。然而不管如何，人类当务之急还是应该先保护好我们美丽的地球家园。

宇宙的中心

2006年12月3日，瑞典皇家科学院宣布，将本年度诺贝尔物理学奖授予美国科学家约翰·马瑟和乔治·斯穆特，以表彰他们发现了宇宙微波背景辐射的黑体谱形及其温度在空间不同方向的微小变化。他们用COBE卫星进行的精确观测，为宇宙起源的大爆炸理论提供了有力支持。大爆炸理论的确立，使人们对宇宙的起源，有了接近一致的认识。什么是大爆炸？关于宇宙的起源，人类在认知上，又经历了怎样的历程呢？

宇宙大爆炸

对宇宙起源的认识

我们在宇宙中处于怎样的位置？宇宙有没有起源？如果有，它怎样起源？几千年来，人类观察宇宙的手段从肉眼发展到望远镜和人造卫星；视野从太阳系扩展到银河系和河外星系；对宇宙的认识则经历了蒙昧时期的神话，古代哲人的猜测，文艺复兴以来的科学革命，直到20世纪现代宇宙学的诞生。

现代宇宙学"大爆炸"的理论认为：约在140亿年前，宇宙从极端高温高密的一个点起源。随着体积的膨胀和温度的下降，以质子、中子等基本粒子形态存在的物质，首先结合形成氘、氚、氦等较轻的元素，随后进一步冷却，形成恒星。在恒星内部合成碳、氧、硅、铁等更重的元素，再抛射到周围形成行星，最后在如地球这样条件适合的行星上演化出生命，成为目前的宇宙。

宇宙有一个开端的想法并不新鲜。《圣经》中就描绘了上帝用7天创造世界的故事。三国时徐整所著的"三五历记"，记录了盘古开天辟地的神话：天地之初就像一个鸡蛋那样混沌不分，盘古在里面孕育着。经过1.8万年，天和地一下子分开了，轻的东西上升为天，重的东西下沉为地。天，每日升高一丈，地，每日下沉一丈，盘古在中间每日长高一丈。这样过了1.8万年，天变得非常高，地变得非常深，天地之间相隔9万里。

徐整的宇宙观是中国古代浑天说的发展，早在东汉，张衡在"浑天仪注"中就曾经把天地比拟为一

毕达哥拉斯的"地球中心论"图示

个鸡蛋，天像蛋壳，地像蛋黄独居其中。徐整的创新在于提出天地经历着膨胀运动。"天日高一丈，地日厚一丈"，表示膨胀的速度；"1.8万年"和"9万里"则表示着宇宙的年龄和大小。这些具体数字虽然没有观测依据，但至少与当时已知的历史和地理知识并不冲突，其基本思想与今日大爆炸宇宙模型更是有异曲同工之妙。

公元前5世纪，爱琴海的萨摩斯岛上，发明了几何学中"勾股定理"的数学天才毕达哥拉斯，从球形是最完美几何体的观点出发，认为大地是球形的，而且所有天体都是球形的，

它们的运动是匀速圆周运动。地球处于宇宙的中心，周围是空气和云，往外是太阳、月亮、行星做匀速圆周运动的地方，再外是恒星所在之处，最外面是永不熄灭的天火。

毕达哥拉斯的宇宙模型并没有说明地球有多大，日、月、星辰离地球有多远。最早根据实测数据算出地球大小的人，是公元前3世纪的希腊天文学家埃拉托西尼。埃拉托西尼生活的地方，是埃及的亚历山大港。

埃拉托西尼听说埃及塞恩（今阿斯旺）有一口深井，每逢夏至日的正午，阳光可以直射井底，这意味

着太阳处于天顶。于是他在亚历山大城选择了一个方尖碑，测量了夏至日那天碑的影长，用数学方法计算出直立的碑和太阳光线之间的夹角相当于圆周角（360°）的1/50。这就意味着地球周长是这一角度对应的弧长，即从塞恩到亚历山大的距离（5 000视距）的50倍，约合39 690千米，恰巧与现代测量值十分接近。

月球离地球有多远呢？当时希腊人已经猜测到，月食是因为地球走到太阳与月球之间而引起的。出生于萨莫斯岛的阿利斯塔克提出，测量月食时掠过月面的地影与月球的相对大小，利用几何学方法，可以算出以地球直径为单位的地球至月球的距离。

公元前150年，古希腊一位叫依巴谷的天文学家，重复了这项工作，得出地球到月球距离是地球直径的30倍。根据埃拉托西尼求得的地球直径12 640千米计算，月球到地球的距离就是38万千米，他还同时得出了地球与太阳的距离。

开普勒

公元140年，埃及的亚历山大城里，出了一位希腊裔的天文学家，他的名字叫托勒密，他提出了一个完整的地心体系。托勒密体系能在一定程度上解释和预测行星相对于恒星背景时而向东、时而向西的复杂运动。

然而到16世纪的时候，有一个人站出来表达了相反的观点。他认为，是地球绕太阳，而不是太阳绕地球旋转。这个勇敢的人，就是波兰天文学家尼古拉·哥白尼。哥白尼假设，要是宇宙是以太阳为中心，其他天体都是围绕太阳旋转。

诚如后人所说，哥白尼的日心体系，改写了托勒密延续千年的宇宙模型，开启了宇宙学革命性的一刻。然而哥白尼仍然沿袭了托勒密体系中行星以匀速做圆周运动的思想。

哥白尼死后66年，德国天文学家开普勒为太阳中心说找到了新的证据。1609年，开普勒在《新天文学》一书中宣布，他用丹麦天文学家第谷留下的精密观测资料，发现行星是沿着椭圆轨道围绕太阳运动。开普勒的发现，打破了天体必须做匀速圆周运动的传统观点，并彻底消除了哥白尼体系中的本轮和均轮。几乎与此同时，另一位科学家的发现，宣告了"地心说"的终结。

1609年底的一天，意大利物理学家伽利略听说市场上在出售一件有趣的东西，一根镶有玻璃片的管子。这件被当成玩具出售的东西，出自荷兰。伽利略把这件玩具改装成一架口径4.4厘米，长1.2米，放大率30倍的望远镜。他开始用望远镜来观察天体。

伽利略通过望远镜观察发现，关于宇宙是由完美的圆形和球形组成的看法，是值得怀疑的。因为他在比较近的可以观察到的天体上都看到存在某种缺陷。比如太阳有"黑子"，月亮也不像大家以为的那么亮，那么圆，而是有陡峭的环形山。

伽利略接着开始观察水星与火星，最终，他被木星吸引住了。从1610年1月起，伽利略连续观察木星，他有了一个惊人的发现。

伽利略用望远镜观测宇宙

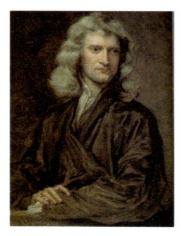

"万有引力"的发现者牛顿

伽利略看到，在木星周围有4个暗弱的星体在围绕着它运转。这4颗卫星后来被称为"伽利略卫星"，它们的发现，宣告了托勒密地心宇宙体系的终结。因为，人类第一次发现了有天体围绕着不是地球的行星在运行。地球是宇宙中心的说法，再也说不通了。

自伽利略使用望远镜后，对宇宙的观测便日新月异。望远镜能够发展到今天的水平，还得感谢牛顿对它的改进。

牛顿对伽利略的望远镜进行了改良，他在里面加了一片平面的反光镜，这使得镜筒变短并观察到更清晰的图像。后来巨型的望远镜就是在此基础上发展起来的。已经得享大名的牛顿，开始思考运动定律以及物体如何移动的问题。

开普勒的发现和伽利略的观测结果，都导致了支持哥白尼日心说的直接证据。但有一个问题尚未找到答案，这个问题就是，究竟是什么力量在维系行星的运行？开普勒曾经设想是磁力。而牛顿认为最有可能的是重力，一种将物体拉向地球的牵引力。

这个重力就是"万有引力"。由于"万有引力"，一个大质量的物体才可以把一个较小的物体吸引到自身上来，所以，苹果才会从树上落下来。

牛顿把他的理论用于天体，发现月亮和所有行星的轨道都可以通过严格的数学推导得出。牛顿终于发现，是"万有引力"维系着月亮围绕地球、行星围绕太阳运行。1687年，在他的巨著《自然哲学的数学原理》中对这一辉煌理论进行了阐述。哥白尼的日心体系从此有了坚实的理论基础。

托勒密的宇宙模型，被牛顿彻底抹去了。牛顿认为，是"万有引力"支配着宇宙，也是"万有引力"使得人能够站在旋转的地球上。"万有引力"让宇宙中所有的行星保持运动，宇宙也因此而永恒不变。

对宇宙的探索

17世纪、18世纪，望远镜性能有了长足的进步，天体方位的测量精度提高了几十倍。1716年，英国天文学家哈雷提出，利用金星凌日的机会来测量太阳和地球的距离。方法是：当金星走到太阳与地球之间时，从地球上不同的两个地方，同时观测金星投射到太阳圆面两点的轨迹，由此即可推算出太阳与地球的距离。可惜金星凌日十分罕见。直到1772年，法国天文学家潘格雷在分析了1769年金星凌日时各国天文学家的全部观测资料后，得出太阳与地球的距离为1.5亿千米，从而实现了这一设想。

像希望得知太阳和地球的距离一样，测算恒星距离的想法，也早已产生。用什么样的方法，才能测出遥

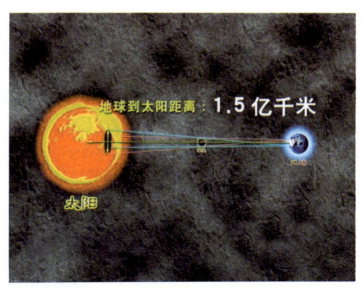

利用金星凌日测算出太阳与地球的距离

远恒星的距离呢？最早尝试的是伽利略。

日地距离是一把量天尺。以这把尺子为单位，行星的距离是从哥白尼时代就已经知道的。但恒星究竟有多远呢？伽利略在1632年发表的《关于两个世界体系的对话》中提出了一个巧妙的方法。他建议相隔半年测量一颗恒星相对于较远恒星背景方位的变化，叫做周年视差，就可以用数学方法算出那颗恒星的距离。

这个方法原理虽然简单，但由于恒星距离太远，实测非常困难。许多天文学家多次努力都未获成功。直到1836年以后，三位不同国籍的天文学家才根据伽利略的方法，成功地对恒星距离进行了测算。然而一开始，他们遇到的难题和前人一样，那就是，天上的恒星很多，应该选择哪颗恒星才更方便测算呢？

这三位天文学家中，有一个俄国人，名叫斯特鲁维。斯特鲁维用一台德国光学家夫朗和费制作的高品质望远镜，对星空进行观测。他发现，哪颗恒星移动的位置最大，就表明它离我们最近，光度也越亮，观测的精度也最高。斯特鲁维将望远镜对准了织女星和邻近一颗暗星的相对位置，他测出，织女星的周年视差为0.125角秒。1角秒视差对应的距离是太阳到地球距离的20万倍，这称为1秒差距。离我们最近的恒星视差为0.76角秒，距离地球大约4.3光年，恒星的距离就这样算出来了。

三位天文学家中一位定居英国的德国人——威廉·赫歇耳，他提出了估计恒星距离的另一种方法。威廉·赫歇耳认为，假如所有恒星的真正亮度与太阳相同，那么看上去亮度越暗的，距离就应该越远。威廉·赫歇耳用这种方法，估计银河系的尺度至少为2 600光年，从此，人类的视野从太阳系扩展到了更为广阔的宇宙空间。

探寻宇宙的奥秘

望远镜在宇宙探索中取得的成就，促使人们不断努力提高它的性能。1845年，第三代罗斯伯爵威廉·帕森斯在爱尔兰中部的比尔城堡建造了一架口径1.8米、重达10吨的望远镜。牛顿的时代，望远

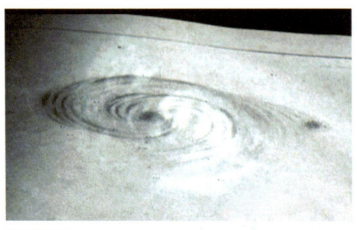
漩涡星系素描画

镜的镜片很小，只能看到月亮、太阳和一些行星。而罗斯伯爵的这架望远镜，镜片的直径足有1.8288米宽，它是当时世界上最大和倍率最高的望远镜。使用这架望远镜，帕森斯伯爵看到了一个呈漩涡状的美丽星云。

英国皇家天文学会极为重视罗斯伯爵的发现，在这个学会1850年的记录里，我们看到了这个漩涡星系的素描画。这是有史以来，人类首次观测到漩涡星系。天文学家们后来了解到，这个漩涡星系与地球的距离为2 100万光年，远远超出了银河系10万光年的范围。

无论是在托勒密体系还是在哥白尼的体系中，恒星都是固定在天球上不动的。但是，天文学家发现，事实并非如此。1718年，哈雷把他测定的大角星和天狼星的方位与1500年前托勒密的观测结果比较，发现这两颗星有了明显位移。这是怎么回事呢？

实际上每颗恒星都会在万有引力作用下运动。这种运动可以分解为视线方向和垂直视线方向两个成分。哈雷所测的是后者，称为自行；盘古开天地故事中所说的"天日高一丈"是前者，称为视向速度，测量它需要一种全新的方法。

1842年，在维也纳，一个名叫多普勒的奥地利物理学家发表了一篇讨论双星颜色的论文。他认为，

如果有两颗恒星在万有引力作用下，围绕同一轨道运行。其中一颗朝向我们运动，而另一颗则远离我们运动。若让来自这两颗星的光通过三棱镜，仔细观察它们的光谱，就会发现它们的光的波长和光的颜色在发生完全相反的变化。宇宙的秘密，就隐藏在这光线里。

发明了利用光谱测量和观察星体运动方向的科学家多普勒

最初发现这一奥秘的是德国光学家约瑟夫·冯·夫琅和费。夫琅和费是德国的玻璃透镜制造家，1816年的一天，他在测试用来制造透镜的光学玻璃的时候发现，在使用人造光源时，会有一些不寻常的现象出现。于是他想看一看，若是以太阳光做光源，在太阳光被折射的多色光谱中，会不会有相同的现象发生。

在一个隔绝了光线的房间里，阳光穿过窗帘的

一角，投射在三棱镜上。夫琅和费看到，在光谱中存在着许许多多清晰的线。其中有明显的暗线，还有一些不太清楚的、比较淡的线。夫琅和费发现，这些光谱中所产生的线，与人造光源下的谱线分布完全相符。他意识到，在这些被折射的光谱中，隐藏着发出这些谱线的化学元素的"指纹"，只要对这些"指纹"加以考察，就能鉴别出这些谱线是由什么元素构成的。一种寻找宇宙秘密的奇方妙法，就这样被找到了。

然而真正使这些谱线的意义得到阐发的人，还是克里斯蒂安·多普勒。

用宇宙中星球所发光的谱线来测量和观察星体的不同运动方向，是多普勒运用夫琅和费线的一个创造。如果光源在向我们接近，夫琅和费线就会向光谱的蓝端移动，这叫"蓝位移"。如果光源在后退，这些谱线会向光谱的红端移动，这叫"红位移"。78年以后，美国天文学家哈勃运用光谱位移的原理，在宇宙观察上作出了重大

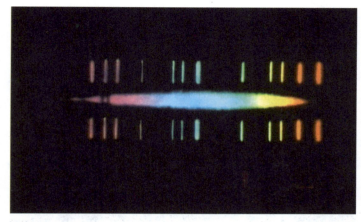

随光源而移动的光谱

发现。

星体发生位移光线也会随之不同的现象，在我们的日常生活中因为光波的运动速度太快，以现有的技术无法测量和观察，但是在声音上，可以体验到相同的结果。当一列火车向我们驶来的时候，汽笛声渐大，音调也逐渐高亢；而当火车离开时，汽笛声也随之变小，音调降低，这是因为声音在远离时被拉长的缘故，因而离我们越远，声音也越小。这就是"多普勒效应"或称"多普勒位移"。

1859年，英国天文学家威廉·哈金斯用一台装有高色散分光仪的20厘米望远镜，开始观测一些亮星的光谱，并在其中找出

了钠、钙、镁等化学元素的谱线。1868年，他利用多普勒效应，首次从谱线的微小位移测出了天狼星的视向速度。1880年前后，哈金斯对太阳光谱中构成谱线的化学元素进行分析，以了解太阳和恒星都是由何种成分构成的。哈金斯发现，太阳和恒星的光谱线中，都有着清晰的氢和氦的特征线，于是他得出结论：太阳和恒星主要是由氢和氦构成的。这一发现等于宣告太阳和一颗恒星没有什么差别，人类也因此彻底了解到，地球不是宇宙的中心，太阳也同样不是宇宙的中心。

人们的视野已超越银河系，进入了一个前所未知的广阔宇宙。

宇宙的证据

　　1905年，一个在瑞士伯尔尼专利局工作的小职员——德国犹太人阿尔伯特·爱因斯坦，提出了狭义相对论。10年之后，他又提出了广义相对论。相对论同量子论一起推动了20世纪物理学的革命，也为从整体上研究哈勃发现的星系宇宙，奠定了理论基础。

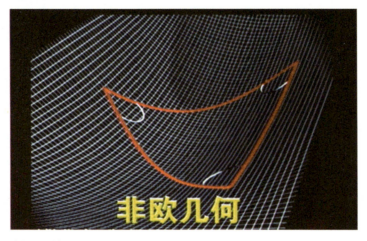

在非平直空间中的三角形的内角之和未必是180°

宇宙大爆炸

　　20世纪以前的物理学建立在牛顿绝对时空观的基础上：时间永恒地均匀流逝，空间是不动的舞台，两者相互独立并且不受物质的影响。爱因斯坦的革命性发现是：时间和空间是不可分割的统一体，时空告诉物质如何运动，而物质告诉时空如何弯曲。

　　在爱因斯坦的理论中，两个物体间的相互作用并不像牛顿所描述的那样，是彼此直接产生引力，而是由每个物体对周围的时空产生影响，它们在时空中造成凹陷或扭曲，一个物体经过另一个物体的旁边，路径就会受到扭曲而偏向，这就好像是物质互相吸引一样。

　　为什么时间和空间会是弯曲的呢？什么是弯曲时空呢？这要先从平直空间说起。古希腊的欧几里德发展了一套几何理论，后人称其为欧几里德几何学，他从几个定义和公设出发，可以推导出一系列定理。直到今天，这还是中学生必修课。在欧几里德几何学里，有一个第五公设，根据这个公设，我们可以推论出三角形的三个内角和是180°。因为平面上的图形显然满足这个性质，所以我们把符合欧几里德几何学的空间称为平直空间。

　　19世纪初，法国数学家高斯、匈牙利数学家鲍耶、俄国数学家罗巴切夫斯基等人认识到，除了平直空间以外，没有第五公设的非平直空间在逻辑上也是可能的。在这样的空间中，三角形的内角和未必是180°。描述这种空间的几何学叫做非欧几何。

　　三维的非平直空间比较难以想象，但是我们看看二维的例子。比如在一个平面上，三角形的三个内角和是180°，但是在球面上，三角形的三个内角和超过180°，在双曲面

球面和双曲面上三角形图示

上，三角形的三个内角和小于180°。当然，你可能会说，在这些曲面上并没有真正的直线，你这是从曲面之外的三维空间的看法说的。但是比方说一只蚂蚁，被局限在曲面上，那么这就是它的直线。同样，人也是被局限在我们生活的三维空间中。

非欧几何虽然被发现了，但在爱因斯坦之前，它仅仅是理论上的可能。而爱因斯坦的相对论说明，在大质量物体附近的时空真的就需要非欧几何来描述。这就是所谓弯曲时空。爱因斯坦并且预言，由于时空弯曲，从太阳表面附近经过的星光会偏折1.75角秒，是牛顿理论预言值的2倍。

1919年5月发生的日全食提供了判决两者孰是孰非的绝佳时机。英国天文学家爱丁顿领导的两个远征队，分赴巴西东北海岸外的索布拉尔岛和西非几内亚湾的普林西比岛进行观测。半年以后，英国皇家学会正式宣布，他们的观测结果符合爱因斯坦的预言！这个消息立刻轰动了世界。广义相对论从此得到科学界公认。

爱因斯坦建立广义相对论后，立刻开始思索是否可以用它来研究整个宇宙的性质。

在此之前，大家心目中的宇宙图像是牛顿的宇宙模型，时间和空间都是无限的，在其中均匀分布着静止的物质。但是，这个宇宙模型本身存在着内在的矛盾。这个矛盾是，由于宇宙无限大，物质无限多，物质产生的引力也变成无限大。由于万有引力的作用，牛顿宇宙中的物质难以保持静止，而会互相吸引，最后坠落到一起去。

爱因斯坦认为，利用非欧几何里的弯曲空间，可以解决这个问题。所以他在1917年，提出了一个宇宙模型。这个模型的空间部分是一个球面，弯曲的空间使得宇宙看起来是有限的，因此可以避免引力变成无限大的问题。但是爱因斯坦发现，和牛顿的宇宙一样，这个模型里的物质也很难保持静止不动。

很快有人反对爱因斯坦的这个静态宇宙模型，第一个提出质疑的，是俄国学者阿列克谢·弗里德

建立相对论的伟大科学家爱因斯坦

曼。在1922年发表的一篇论文中，弗里德曼求解了不包括宇宙学常数的广义相对论方程，发现宇宙不会静止不动，而是要么膨胀，要么收缩。爱因斯坦看到弗里德曼的论文后，给发表它的杂志去信，说弗里德曼可能算错了。弗里德曼并没有屈服于爱因斯坦的权威，他详细写出了自己的计算过程给爱因斯坦寄去。后来，爱因斯坦在同一个杂志上发表声明，承认自己错了而弗里德曼是对的。

弗里德曼不仅发现宇宙有可能膨胀和收缩，他还认识到，如果假定空间有最大的对称性，那么三维空间的几何只有三种可能：一种是我们熟悉的欧几里德空间，即平直空间；一种是爱因斯坦模型中类似球面的空间，即闭合空间；还有一种是类似马鞍形的双曲面空间，即开放空间。在此后几十年的时间里，探索宇宙空间的几何形状一直是宇宙学家们最重要的课题。

另一位从理论上研究宇宙学的是比利时神甫、

宇宙中的漩涡星云

洛文天主教大学的物理学教授乔治·勒梅特。在1927年的一篇论文中，勒梅特指出爱因斯坦的静态宇宙模型是不稳定的，如果宇宙学常数的斥力稍稍超过物质的引力，宇宙就会开始膨胀，而且越膨胀越快。

20世纪初，天文学家想要了解的是，银河系以外，是否还有类似银河的星系。有些人猜测，漩涡星云就是其他的银河系，即康德所说的宇宙岛，里克天文台的柯蒂斯也这样主张。但是，威尔逊山天文台的沙普利则估计银河系的尺度约有30万光年，他认为漩涡星云应该还在这庞大的银河系内。1920年4月，他们两个人在华盛顿举行的美国科学院会议上，

进行了一场大辩论。两个人的论据似乎都有道理。究竟谁正确呢？

这时，一位天文学界的新秀埃德温·哈勃来到了威尔逊山。哈勃明白，要弄清星云的本质，关键是要测定它们的距离。他手里有两个完成这项任务的有利条件：一是威尔逊山上清澈的大气和无风的稳定状况，极适合天文观测；二是威尔逊山天文台有当时世界上威力最大的、口径2.54米的望远镜。

天文学家哈勃在威尔逊山天文台观测遥远的星云

哈勃观察着那些遥远的星云，夜空是如此的浩瀚，怎么才能测算出它们的距离呢？

1912年，哈佛大学天文台的女天文学家赫丽塔·勒维特在南半球天空的麦哲伦星云中找到了一类特殊的天体，叫做"造父变星"。它们的亮度先是快速上升，随后缓慢下降，呈周期性变化，越亮的造父变星光变周期越长。勒维特的发现，不久就被哈佛天文台台长沙普利知道了。沙普利立即认识到，通过造父变星，可以推算出星系的距离。

1915年，沙普利在银河系中找到一些已知距离的造父变星，将勒维特发现的周期亮度关系标定成为周期光度关系。以后无论在什么地方只要根据光变特征认出一颗造父变星，测出它的周期，由周期光度关系定出其真亮度，再与观测到的亮度比较，就可求出其距离了。

沙普利正是用这种方法测定出银河系的尺度为30万光年，虽然比实际值偏高，但这种方法还是帮助他作出太阳并不在银河系中心的重大发现。

哈勃用同样的方法，在仙女座大星云和三角座星云中发现了一批造父变星，并推算出它们的距离都是93万光年，甚至远远超出了沙普利的大银河系的范围。从此人们知道，天上许多暗弱的星云并不属于银河系，而是一个个独立的星系。

哈勃想尽办法，测量了24个星系的距离。当他将这些星系的距离同光谱位移进行比较的时候，发现了一个令人吃惊的情况。哈勃发现，大部分星系的光谱都发生了红位移，距离越远的星系红移量越大。根据多普勒效应，这意味着所有的星系都在远离我们，而且离我们越远的星系，退行的速度越快。哈勃在1929年发表的这个初步结论，后来被更多观测所证实，成为人们公认的"哈勃定律"。其中速度与距离成正比关系的比例常数被称为哈勃常数。

哈勃定律的重要意义在于它显示出宇宙中的星系就像一个膨胀气球上的斑点，彼此分散运动，从而为弗里德曼和勒梅特的膨胀宇宙模型提供了观测依据。哈勃的观测证实了这个膨胀的宇宙和以前人

利用造父变星的光变周期推算星系距离的示意图

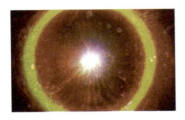

宇宙创生的"奇点"

们想象的那个无限和永恒的宇宙完全不同。仿佛电影中的画面，若倒着播放，所有的星系都在时空中逆行，它们将越来越靠近。如果不断沿时间上溯，越早期的宇宙就会越小，那么，总会有足够早的某个时刻，宇宙处在非常致密的状态。这便是那个"奇点"。那一点表示了宇宙的创生。我们能看到的一切，所有恒星，所有行星，所有地球上和宇宙中的生物，都有赖于那一刻的创生，这就是我们后来所说的"大爆炸"，或者正确地称它为"创世纪"。

这时，勒梅特听说了哈勃的发现，他知道这是自己一直等待的结果，他决定找到爱因斯坦，当面向他陈述自己的想法。在一次演讲中，勒梅特以诗意的叙述，向爱因斯坦陈述了他的理论。按他的说法，宇宙是从一个"原始原

子"开始，不断分裂膨胀而成的。就如同一颗小小的橡果，长大成为一棵参天的橡树那样。他并以哈勃的观测为证，说明宇宙是创生于"没有昨天的那一天"。演讲结束的时候，他看到爱因斯坦站起来说："这是我所看到过的最美丽的结果。"从那时开始，爱因斯坦承认，引进"宇宙学常数"是他一生最大的失误。

尽管有了这些观测和理论上的进展，但是当时的大多数科学家对于宇宙学还是持相当怀疑的态度。

1948年的一天，英国广播电台播出一个宇宙学的科普节目，主讲人是剑桥大学的数学家弗里德·霍伊尔。他的言论引起了许多人的关注。霍伊尔在节目里说："你们可能跟我一样，在成长过程中了解到，宇宙是在某个久远的时间点以前，由一次大爆炸形成的。现在我要告诉你们，这是错的。"

霍伊尔对宇宙有一个起点的说法，提出了一系列质疑，他特别反对宇宙起源于一次大爆炸的观点。1948年，他与同事邦迪和戈尔德一起，提出了与大爆炸理论完全对立的"稳

提出与宇宙"大爆炸"理论完全对立的"稳恒态宇宙"理论的数学家弗里德·霍伊尔

恒态宇宙"理论。

霍伊尔认为大爆炸理论很荒谬。他问道："如果说宇宙起源于大爆炸，那么大爆炸之前难道就没有宇宙吗？"这从哲学上让人感到困惑。所以他提出了所谓完美宇宙学原理的假设，认为宇宙不仅在空间上均匀，而且面貌不随时间改变。霍伊尔提出的这种"稳恒态宇宙"的要点是：宇宙是稳恒态的。但是这个理论遇到一个问题，即它不能解释宇宙间的物质是如何形成的。而大爆炸的理论，就能够解释物质怎样被创造出来，一切都是在火热的大爆炸的时候，被创造出来的。支持大爆炸理论的人认为，霍伊尔的"稳恒态"，违反了物质守恒和能量守恒的原理。

尽管霍伊尔无法解释清楚新的物质如何产生出来，而且这也违反了物理学中的能量守恒定律，但是在他看来，这比整个宇宙一下子创生出来还是容易接受得多。

由于哈勃根据星系退行速度，测算出宇宙年龄只有20亿年，导致霍伊

尔的"稳恒态"一时占了上风。因为根据霍伊尔的理论，既然宇宙一直存在，也就不会出现地球年龄大于宇宙年龄的矛盾了。正当宇宙年龄所造成的疑惑使大爆炸理论陷入困境的时候，天文学家发现，哈勃当年测定的星系距离全都偏低，由此推算出的宇宙年龄也自然就偏低了。为什么会出现这种情况呢？

1948年，美国帕洛玛山天文台5米望远镜投入使用，取代威尔逊山天文台的望远镜，成为当时世界上最大的望远镜。德裔天文学家沃尔特·巴德用这个望远镜，获得了一个新的发现。

沃尔特·巴德发现，恒星按化学组成和空间分布等性质分为不同的族群——星族，属于不同星族的造父变星亮度与周期之间的比例系数并不相同。

当初哈勃不知道这种差别，导致他将星系的距离低估了一半，因此也就将宇宙的年龄低估了一半。在改正了这个错误以后，宇宙的年龄就不会比地球的年龄低了。沃尔特·巴德的发现，为大爆炸理论的确立扫除了一个障碍。

霍伊尔的另一个质疑是，勒梅特并没有具体说明"原始原子"究竟是什么，它是如何形成又如何崩解为各种元素的？而"稳恒

哈勃用望远镜拍摄到的一颗新恒星在星云中形成的过程

态"恰恰能证明这一点。

哈勃望远镜拍摄到一颗新的恒星正在星云中形成：当空间中的氢原子由于引力，逐渐凝聚到一起，形成越来越大的球体时，恒星形成了。在恒星像滚雪球似地越滚越大时，引力造成的内部压力也越来越高。这种压力会把氢原子紧紧压合在一起，产生聚变反应，形成新的元素"氦"。当氢燃烧完后，恒星内的氦可以再聚变为氧和碳，如此持续，合成越来越重的原子，直到铁的产生。比铁更重的元素，则可以在一些特殊的环境，如大质量恒星演化晚期的超新星爆发中产生。而组成我们身体的碳、氧、铁等重元素，都是先在恒星中产生，再于恒星爆发后被抛射出来，在太空中像灰尘一样游荡，直到跟其他的星尘混合，因重力形成新的行星。可以说，我们每个人都曾经是某颗恒星中一部分。生命，也由此产生。

1954年在太平洋比基尼珊瑚岛进行了氢弹核爆试验，它通过裂变反应发生爆炸。在爆炸的中心可产生上百亿摄氏度的高温，这与大爆炸后1秒钟内宇宙的温度相当。高温引发氢核产生聚变反应形成氦核，同时在这过程中释放出更大的能量。这为恒星能源来自聚变反应的理论提供了有力的支持。

氢弹核爆试验

霍伊尔关于重元素在恒星内合成的理论，固然非常成功，但却不能解释轻元素氦在宇宙中含量高达1/4的观测事实。因为假如这么多氦都是在恒星中合成的话，那么夜晚就会比白天还亮了。

1946年，一位移居美国的苏联科学家也在探讨宇宙中的基本元素如何形成的问题。他在勒梅特"原始原子"的基础上另辟蹊径，提出：宇宙中的氦，主要是在大爆炸后不久的高温条件下合成的。

他认为，宇宙大爆炸可以很自然地解释氢和氦的来源：早期宇宙密度和温度极高，不仅分子会离解，原子核也不能存在，但是随着宇宙的膨胀，温度降低，就可以形成基本的核子：质子和中子。最轻的原子核——氢核，其实就是一个质子。在大爆炸时核子间相互反应，就会形成一些复合的原子核，根据这个理论算出来的氢和氦按质量计算应该分别占3/4和1/4，与观测符合得很好。这个观点，给了大爆炸理论有力的支持。这位科学家的名字叫做乔治·伽莫夫。

但是，霍伊尔不愿意承认这一点，他提出了一个尖锐的问题："如果宇宙起始于一次大爆炸，在那种高温高热状态下所产生的辐射，一定会在太空中留下某种痕迹，即使是在大爆炸已经过去了140亿年的今天，也应该能找到哪怕一丁点儿辐射痕迹的残留。可问题是，这个痕迹能找到吗？"

宇宙的密码

在霍伊尔提出"如果大爆炸真的发生过,请问爆炸所遗留下来的痕迹在哪里"的质疑后,伽莫夫和他的学生就开始研究这个问题。伽莫夫和他的学生们坚信:高热爆炸产生的辐射,即使是在100多亿年后的今天,也不会完全消失。伽莫夫依据什么得出这样的结论呢?

前苏联科学家乔治·伽莫夫

宇宙大爆炸

寻找遗留的"痕迹"——辐射。

如果我们烧一堆篝火或者进行一次爆炸,都会产生明亮的光,这些光向四面八方飞去,以后我们自己再也没有机会看到。但是假如有一个外星人在遥远的地方向这里眺望,他是可以看到这些光的。由于宇宙大爆炸是在整个宇宙中发生的过程,因此,无论我们向哪个方向看,都能看到这些光。随着宇宙的膨胀,这些光的波长也增加,现在处于毫米波的微波波段,温度也已经低到绝对零度(−273℃)以上几摄氏度,所以肉眼看不见了,但还是应该能用仪器探测到。

知道这一点,伽莫夫对找到大爆炸遗留的辐射充满信心。在前苏联,核武器设计负责人泽尔多维奇和他领导的科研小组,在完成氢弹的设计研究工作后,也开始研究宇宙大爆炸理论,他们也注意到,大爆炸过后会有余光残留下来。可用什么观测手段才能找到这样的辐射呢?由于长期从事国防研究,他们一直关注着美国在电子技术方面的最新进展:美国贝尔实验室建立了一座用于卫星通信试验的高灵敏度微波天线。苏联人注意到,这座天线的灵敏度应该足以探测到大爆炸的遗迹。然而阅读美国人关于这座天线的实验论文,似乎并没有提及这样的热辐射,这使苏联人一度认为宇宙大爆炸理论也许并不成立。

实际上,贝尔实验室对这座天线性能的测试并不彻底,对卫星通信来说这也不是必要的。卫星通信实验结束以后,贝尔实验室的两位科学家阿诺·彭齐亚斯和罗伯特·威尔逊希望用它做一些射电天文研究,在正式开始研究以前,他们决定先进行

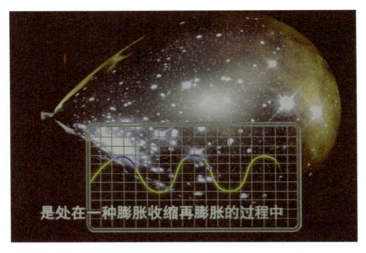

是处在一种膨胀收缩再膨胀的过程中

狄基认为：宇宙可能是永恒存在却循环往复的

严格的测试和校准。

在进行测试和校准的过程中，他们意外地发现天线接收的信号里有多余的噪声。他们不知道噪声从何而来，也许传输线路和电子器件本身会有噪声；也许噪声来自大气层或是地面辐射，还是城市的噪声传了过来？可这些可能性一一排除以后，噪声依然存在。找不出问题的根源使他们非常着急。

奇怪的无线电噪声让威尔逊和彭齐亚斯用了一年的时间彻底检查他们的天线。第二年，就在他们快要绝望的时候，彭齐亚斯偶然和同行伯克聊起此事，伯克说，他的一位朋友曾听过普林斯顿大学一位

叫皮伯斯的学者作过一个报告，他们发现的奇怪噪声，可能正是普林斯顿大学狄基小组正在寻找的东西。于是彭齐亚斯赶紧给狄基打去电话。

狄基教授是位很有思想的科学家，在他看来，宇宙可能既不像霍伊尔所说的那样永恒不变；也不像勒梅特和伽莫夫所设想的在某一时刻创生。宇宙可能是永恒存在却循环往复：先膨胀然后再收缩，缩到一定程度再反弹，开始新一轮的膨胀。他意识到在这样的模型中，宇宙收缩后反弹的那一刻，温度、密度也很高，其实非常类似伽莫夫的宇宙大爆炸条件。而且，他也意识到爆炸

后会有热辐射遗留下来。

狄基教授在第二次世界大战时，曾从事雷达研究，并发明了计量微波辐射的仪器。这个仪器正好在此次实验当中用上。他让助手之一的皮伯斯从事理论计算；而另一位助手威尔金森则设计实验仪器。他们将天线安装到了普林斯顿大学的屋顶上。就在他们自信把探测仪器调试得完美无缺的时候，接到了罗伯特·威尔逊的电话。

电话铃响的时候，普林斯顿大学研究组的成员都在狄基教授的办公室。当他们听说了有关天线的事时，大家的耳朵都竖起来了。因为在他们听来，贝尔公司拥有普林斯顿正在建造的设备，而且似乎也在做同样的工作。狄基教授接完电话后对他的同事们说："我们被人抢先了！"

狄基教授和他的同事们，立刻带上自己的资料来到贝尔实验室，他们要亲身体会这个无线电波的噪声。当罗伯特·威尔逊和彭齐亚斯看到狄基教授带去的仪器和记录时，他们

发现了大爆炸"痕迹"的彭齐亚斯和威尔逊，于1978年获得了诺贝尔物理学奖

终于明白，那个推论中的宇宙大爆炸的"痕迹"，被他们无意中发现了。

宇宙微波背景辐射，也就是大爆炸"痕迹"的发现，以确凿的证据证明了，宇宙的确曾经处于与今天完全不同的高温高密状态，这是继哈勃发现宇宙膨胀之后，宇宙学研究上的又一个重大突破。

认为宇宙起源于"原始原子"并以此说服爱因斯坦的勒梅特，在他临终前几天听到了这个消息。他的宇宙创生于"没有昨天的那一天"的猜想，终于被科学所证明。而建立了完整的大爆炸理论，并对遗迹辐射温度作出科学预言的伽莫夫，则以他特有的幽默来回应人们的祝贺："我也许确实丢过一分钱。但当有人在街上捡到一分钱时，我也不能说那一定就是我丢的。"这位谦逊的物理学家于1968年去世，而彭齐亚斯和威尔逊，也因为自己的发现，在13年后的1978年，获得了诺贝尔物理学奖。

发现时空的"奇点"——黑洞

宇宙微波背景辐射被发现的时候，斯蒂芬·霍金正在剑桥攻读博士学位，这件事情很可能促使他选择了大爆炸和爱因斯坦的相对论作为博士论文的研究主题。

霍金刚到剑桥的时候是想拜霍伊尔为师的，但霍伊尔那时不收新学生，霍金转投到了丹尼斯·希尔玛门下。丹尼斯·希尔玛开始也是稳恒态理论的支持者，后来转为支持大爆炸理论了，他对霍金的帮助很大。

研究活动刚开始，霍金就遇到了很大的麻烦：在剑桥霍金并没有一个好的开始，他刚被诊断出得了肌肉萎缩侧向硬化症，根本不知道能不能活到念完博士，而又一直找不到适当的论文题材。

斯蒂芬·霍金当年的导师丹尼斯·希尔玛，晚年就住在意大利的威尼斯。他回忆那时的情景说："博士论文必须要包含大量的原创知识，这是一个很大的负担。因为你必须要在

身患严重疾病的霍金仍顽强地为科学而努力

3年时间内作出这样一篇论文，里面一定得要有成果。"当时正是宇宙学不很兴盛的时候，霍金的进度很慢。他找不到好的论文题目，而希尔玛自己也没有好的东西给他。

时间越来越少，在剩下不到一年的时候，斯蒂芬·霍金受牛津大学数学教授罗杰·彭洛斯的启发，决定从爱因斯坦的相对论入手，看看它对宇宙还能预示些什么。霍金的导师希尔玛是彭洛斯的好朋友，希尔玛就决定到牛津去，听听彭洛斯的意见。

彭洛斯正在研究爱因斯坦方程可能导致的另一种结果，即由于引力的驱使，大量的物质坠入一个密度极大的区域中，以致

光都无法从中发出来，这个区域就是"黑洞"。黑洞中存在着一个密度无限大的点，在这里，一切已知的物理学定律都要失效，这就是所谓时空的"奇点"。

彭洛斯的研究结果显示，宇宙中大质量的物质，即大质量的恒星会坍塌，并最后被压缩成"黑洞"，这一过程在所难免。霍金恰好就从这一点寻找到了突破，据他的导师希尔玛回忆，霍金意识到，如果把彭洛斯所描绘的坍塌过程反转过来，那么扩张的宇宙也就是正在反向的坍塌。这恰好就是大爆炸发生的过程。

1970年，霍金和彭洛斯在论文中证明，如果广义相对论和经典物理学是正

由于引力驱使，大量物质坠入了一个密度极大的区域——黑洞中

黑洞中的所谓时空的"奇点"

确的，那么，时空中一定存在着"奇点"。因此，黑洞和宇宙大爆炸都不是奇怪的事，而且是不可避免的。

卫星COBE的精确探测

宇宙微波背景辐射被发现后，一些原来主张稳恒态理论的人，转而接受大爆炸理论。但是霍伊尔并没有完全认输，他和持相同观点的几位科学家一直尝试用别的办法解释宇宙微波背景辐射。他们设想，普通星系发出的光，如果被宇宙中均匀分布的尘埃吸收，然后再以较低的能量发射出来，会不会也

黑洞

如同炼钢炉中的颜色，随着温度升高而变化

能产生我们看到的宇宙微波背景辐射呢？

霍伊尔所说普通星系发射的光产生的辐射很难具有完美的黑体辐射谱。所谓黑体是指能够吸收而不反射和透射所有波长电磁辐射的物体。这种辐射在室温下因肉眼不可见而呈黑色，1 000℃左右呈红色，随温度升高陆续转为黄色、蓝色。炼钢工人就是这样从炼钢炉窗口所看到的颜色来判断炉温的。早期宇宙满足黑体条件，它产生的辐射应该有接近完美的黑体辐射谱。

彭齐亚斯和威尔逊的观测只是在一个波长处进行的，虽然与热力学温度3K（−270℃）的黑体辐射在该波长的强度相符，但要进一步证实它是不是大爆炸的遗迹，是否具有完美的黑体辐射谱，还需要在其他各个波长，特别是毫米波段进行精确测量。1975年，美国航空航天局决定，采纳本局戈达德航天中心物理学家约翰·马瑟等人的意见，专门研制一颗卫星，用以对宇宙微波背景辐射进行精确测量。这颗卫星被命名为COBE。马瑟负责辐射谱仪的研制，还担任了COBE卫星的总负责人。

1989年一个多风的早晨，美国航空航天局将COBE卫星送上了太空。COBE最初9分钟的观测结果就表明，宇宙微波背景辐射确实具有完美的黑体辐射谱，大爆炸理论得到了进一步的证实。

大爆炸理论已接近完整。但是仍然有一个重要的问题：如果要形成星系，最初的宇宙必须不是完全均匀的。彭齐亚斯和威尔逊发现的辐射，应该能够反映这一点。但它却似乎与方向无关，如果大爆炸理论正确，那么各方向上的辐射必定有所不同，这一定要有观察的证明。

今天的宇宙并不是完全均匀的。早在哈勃和兹威基的时代，从事观测的天文学家们就发现，在他们得到的照相底片上，星系的分布并不是完全均匀的，而是有的地方密一些，有的地方稀一些。但是，星系在空间中究竟是怎样分

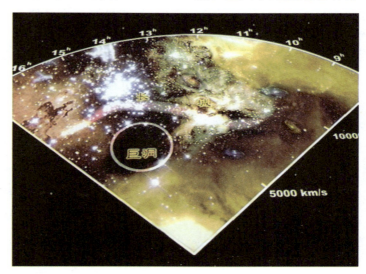

从星系的分布示意图看，星系的分布不是完全均匀的

乔治·斯穆特

布的呢？

20世纪80年代，几个研究小组分别测量了几千个星系的红移。其中影响最大的是哈佛·史密思天体物理中心的观测。这些观测揭示了星系的三维空间分布。

星系结构的不均匀分布，导致宇宙空间呈现一种大尺度的结构状态。这一点，尤其在河外星系表现得非常明显。河外星系的空间尺度之大，经常要以10亿光年来计算。那么，这些大尺度结构又是怎样形成的呢？

美国的皮伯斯和前苏联的泽尔多维奇等人认为，早期宇宙中，物质密度可能存在一些非常微小的不均匀性，它们在引力的作用下逐渐成长为星系、星系团以及更大尺度的结构。如果是这样，宇宙早期的背景辐射必须在各方向上有一些微小的起伏，天文学家称之为各向异性。而探测宇宙微波背景辐射中的各向异性，是COBE卫星的另一个重要任务。

这个任务，落到了美国伯克利大学教授——乔治·斯穆特的肩上。乔治·斯穆特是一位宇宙学家，他认为，这项工作是一个大的挑战。如果能找出宇宙微波背景辐射在不同方向上的微小变化，宇宙形成及扩张的秘密，将进一步解开。

斯穆特用一个类似普林斯顿大学使用过的定向号角天线，开始了一系列试验。他希望做出一张详细的地图来标出大爆炸残留的遗迹，并勾画出银河及宇宙的结构。随后，斯穆特和他的小组研制出了一套能消除包括地球大气层干扰在内的具备高灵敏度的仪器。为了把这样精密的仪器带出大气层，他们最早尝试使用充氦的气球。

但是气球很不可靠，而且容易受风的影响改变方向。他们又选择改用U2飞机，但很快发现飞机不能像气球那样停留在同一个位置，再加上燃料的限制，使用飞机的计划也只好放弃。

他们发现，最好的选择是使用人造卫星。因为人造卫星完全在地球大气层之外工作，又可以停留在地球同步轨道的任何位置上，既具有必要的稳定性，又不用担心来自大气层的干扰。

几年之后，美国太空总署给了斯穆特机会，这就是COBE卫星。COBE卫星升空不久就发回了准确的观测数据。在第一天快要结束的时候，斯穆特教授得到了一张清晰度前所未见的宇宙照片。他和他的小组花了一整年的时间，收集了3亿个观测数据，用计算机绘制出了一张宇宙微波背景辐射的图像，斯穆特将它称之为"宇宙蛋"。

这个"宇宙蛋"所显示的是大爆炸结束时宇宙的图像，粉红和蓝色的区域分别表示温度的变化。宇

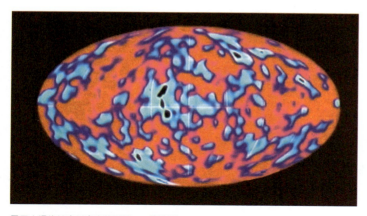

显示大爆炸结束时宇宙的图像——宇宙蛋

宙微波背景辐射是非常均匀的，但是如果我们去掉均匀的背景，就可以看到各向异性。红色代表温度较高的区域，蓝色代表温度较低的区域。在这幅图中，我们看到，由于地球相对于宇宙微波背景辐射的运动，多普勒效应导致一边温度更高，这里用红色表示。我们再除去地球的运动，中间的红色带是由于银河系辐射的污染，再去掉这一块，剩下的就是宇宙微波背景辐射的"皱纹"。形成星系所不可缺少的、大爆炸后存留于宇宙不同方向上的、温度细微变化的证据被找到了。

斯穆特当时还不敢完全相信这个结果，他因此请求组里一位同事再重新单独处理一下COBE发回来的数据，但是他没有告诉这位同事他自己已经得到的结果。第二天早上，斯穆特在自己办公室的门下看到一张计算机图像，这张图和斯穆特自己用计算机绘制出来的图一模一样。上面还贴着一张写有希腊文"Eureka"字样的纸条，这个希腊词"Eureka"是阿基米德发现浮力原理以后说的。意思是"我找到了，我发现了！"

COBE的探测结果，使大爆炸的理论再次得到观测的证实，大爆炸也终于被大多数人所接受。斯

穆特教授筹建了一个博物馆来纪念这项发现。当然，COBE的成功也有约翰·马瑟的功劳。由于约翰·马瑟和乔治·斯穆特在宇宙微波背景辐射研究中的贡献，他们在2006年获得了诺贝尔物理学奖。在马瑟和斯穆特获得诺贝尔奖的31年前，也就是1975年，斯蒂芬·霍金也因为大爆炸理论，得到了罗马教宗的接见。宇宙产生于一次大爆炸的观点，在科学和宗教两方面，都能找到认同。然而，大爆炸的理论并非就此完美无缺，它仍然还有一些问题需要解决。

1978年11月13日，美国普林斯顿大学的狄基教授来到康奈尔大学做关于宇宙学的学术报告。在狄基的听众中，有一位是在粒子物理学研究组做博士后的阿伦·古思。谁也没有想到，就是这场报告，在当时名不见经传的古思心里埋下了一颗种子。不久，古思提出了关于宇宙起源的新理论，使人们对宇宙大爆炸的认识，又深入了一步。

宇宙的模样

微波背景辐射的发现，并不意味着宇宙大爆炸理论就没有问题了。

狄基没有能够与彭齐亚斯和威尔逊一起获得诺贝尔奖，这让很多人感到遗憾，但他却并没有停留。在康奈尔大学的演讲中，他提出了一个关于宇宙学的问题，这个问题跟宇宙空间的几何形状有关。

根据广义相对论，充满物质的四维时空是弯曲的，但其中三维空间的几何形状，则有几种不同的可能性。爱因斯坦曾认为宇宙空间是球形的；弗里德曼则提出过双曲形的宇宙；介于两者之间的是平直空间。那么我们生活的宇宙究竟是哪一种几何形状呢？

提出了有关宇宙形状问题的狄基

密度与形状

宇宙的几何形状与宇宙空间里面物质的多少有关。宇宙里不同地方的密度是不一样的，比如地球的密度是每立方米5.5吨，但是宇宙总体的平均密度比这小得多。

根据爱因斯坦的广义相对论方程，定义出了临界密度的概念。如果宇宙空间中物质的平均密度等于临界密度，那么宇宙空间就是我们所熟悉的平直空间；如果大于临界密度，宇宙空间就是封闭的球形；如果小于临界密度，宇宙空间就应该是开放的双曲形。临界密度的数值，究竟是多少呢？

当时人们还不能精确测量宇宙的密度，但是知道它与临界密度属于同一个数量级，也就是说相差不会超过几倍。狄基认为，这里有个奇怪之处：

如果宇宙的物质密度不是正好等于临界密度的话，随着宇宙的膨胀，它会离临界密度越来越远，或者远远大于临界密度，或者远远小于临界密度。可是实际上，即使以当时的观测精度，人们也知道物质密度与临界密度相差不会太远，最多只差几倍。

狄基指出，这意味着在大爆炸后的一秒钟，宇宙物质密度与临界密度相差不超过一百万亿分之一，否则今天的宇宙密度就会远远偏离临界密度。

这个奇怪的现象怎样

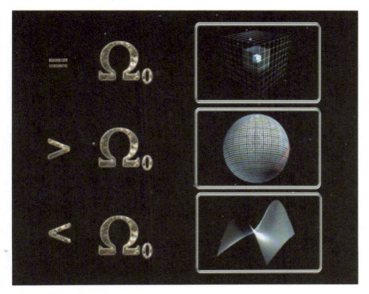

临界密度 Ω_0 与宇宙空间形状示意图

解释呢？狄基提出了问题，但他自己也无法回答。这个问题像一颗种子，埋进了古思的心里。

古思对狄基的问题产生了浓厚的兴趣

暴胀与密度

20世纪的70年代，粒子物理学的发展如日中天。许多粒子物理学家对宇宙学发生了浓厚的兴趣。在听了狄基的报告后不久，古思开始和华裔物理学家戴自海合作，研究宇宙大爆炸中磁单极产生的问题。

日常生活中见到的磁铁都有两个极：南极和北极。如果我们把一个磁铁棒从中间切开，我们会发现切出的两段还是各自有南极和北极，而不会只有一个磁极——磁单极。

1979年，古思等人在研究中发现，宇宙大爆炸中，在极高的温度下，有可能产生非常多的磁单极，并且会一直存留到现在。但是，尽管人们曾用实验去寻找，却一直没有找到。古思这样解释这种结果：磁单极产生后，宇宙发生了一次极迅速的指数式膨胀。

一般地说，由于引力的作用，宇宙膨胀的速度会随着时间流逝而变慢。但是，古思认为在形成磁单极的时候，宇宙中可能有一种特殊的能量，能够使膨胀的速度不变，这样就会发生指数膨胀。所以宇宙的体积在非常短的时

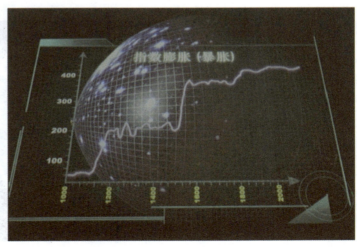

古思"暴胀"理论图示

间内就变得非常大了。

已经产生的磁单极个数不变，而宇宙空间的体积在指数膨胀中却迅速增大，于是磁单极变得很稀少，不会再与实验结果相冲突。古思为这种发生在宇宙早期的指数膨胀起了个名字，叫作"暴胀"。

"暴胀"在英文中的原意是指把气球吹胀，后来泛指某些数字迅速变大。在经济学里，把它译为通货膨胀。在宇宙学界，现在一般译为暴胀。

这时古思回忆起一年前狄基的报告，他意识到，为了解决磁单极问题而提出的暴胀理论，其实也可以解决狄基的宇宙几何问题：如此剧烈的膨胀会把原来弯曲的空间拉直，就好像我们用力拉一块褶皱的橡皮膜，可以把它拉平一样。因此，如果在宇宙的极早期发生过一次暴胀，那么我们可观测的这部分宇宙几何就非常接近平直空间了。

暴胀把原来很小的空间拉伸成很大空间，原来小空间上十分明显的测不准效应造成的涨落也被保留下来，成为大尺度上的不均匀性，这也正是我们今天看到的星系的种子。

尽管暴胀理论可以解释一些理论上的重大疑难，但它究竟是否正确，还需要用观测加以检验。按照暴胀理论，我们可观测的这部分宇宙的几何非常接近平直，所以物质的密度应该等于临界密度，那么，这个预言是否符合观测呢？

暗物质与暴胀

我们用望远镜能直接看到星系中恒星发出的光，根据这些星光我们可以推断宇宙中恒星贡献的物质密度。这个密度只有临界密度的百分之一左右。

当然，我们知道恒星之间以及星系之间都分布着一些气体。但即使把这些星际物质，或是气体与尘埃贡献的密度加添进来，把所有这些加在一起，总密度也不超过临界密度的百分之五。

那么，这是否意味着宇宙空间并非平直而是双曲的呢？问题并不这么简单。当古思提出他的暴胀理论的时候，科学家们早已发现，宇宙中还存在着一种神秘的不发光的物质，即暗物质。

1930年，当哈勃在威尔逊山天文台观测星空的时候，在山脚下的帕萨迪纳市，诺贝尔奖获得者密立根的研究机构聘用了一

被星系团引力偏折的光线形成了一道光弧

位从事天体物理研究的学者瑞士籍的弗里兹·兹威基。兹威基性格古怪，然而却富于想象力，提出了中子星等许多新奇的理论。1934年，他研究了星系团内星系的运动，首次提出了暗物质存在的可能性。

星系团中成百上千的星系，被星系团自身的引力束缚着，它们的运动速度必须与引力达成平衡，引力越强，运动速度越快。

兹威基发现，星系团内的星系远远不够产生这么大的引力。一定还存在着其他我们看不见的物质，兹威基把它称之为暗物质。暗物质存在的直观证据是引力透镜现象。当遥远星系发出的光经过一个星系团附近的时候，光线会被星系团的引力所偏折，星系团就好像是一个透镜。当我们朝这个方向望去，就会看到光弧、甚至同一个星系的几个不同的像。

古老的球状星团是由几百万颗恒星组成的

虽然没有人直接探测到暗物质，也不知道暗物质究竟是什么，但是通过引力，人们可以测出它的总量。测量的结果是，普通物质加上暗物质，总量只占临界密度的20%～30%，并不像暴胀理论预言的那样达到了临界密度。

很多搞理论研究的人认为暴胀理论非常漂亮，宇宙应该是平直的。

那些主张宇宙是平直的人，这时还面临着别的矛盾，其中一个就是宇宙的年龄问题。按照大爆炸理论，宇宙的年龄首先取决于哈勃常数，也与宇宙的密度有关。所谓"哈勃常数"，是指按照"多普勒原理"用光谱位移，表示宇宙中星系退行速度与距离成正比关系的比例常数。

宇宙的年龄显然不能短于任何天体的年龄，因此如果我们知道某一种天体的年龄，就知道宇宙的年龄至少也得有那么长。年龄能够比较准确测定的最古老天体，是由几百万颗恒星组成的球状星团。按照恒星演化理论，最古老球状星团的年龄可达120亿

太空哈勃望远镜拍摄的美丽星空

年。那么宇宙的年龄呢？

1990年，美国太空总署的航天飞机把一台命名为哈勃的望远镜送上了太空。哈勃望远镜拍出了许多美丽的星空图景，一下子拉近了我们和这些星系的距离。

测量哈勃常数是哈勃望远镜的一个重要任务。观测的结果：如果宇宙密度为临界密度，对应的宇宙年龄为100亿年，小于球状星团的年龄！这显然是不能接受的。

这个时候，一个意外

的发现震动了整个科学界。两个独立的天文研究小组几乎同时宣布，他们通过对超新星的研究发现，宇宙的膨胀并不像原来人们想象的那样一直在减速。实际上，宇宙的膨胀正在加速！这样一来，宇宙的年龄就比人们原来想象的要长了。

超新星与暗能量

古人就曾发现，天空中有时会出现新的星，过一段时间又会消失。公元1054年，一颗这样的"客星"被中国古代天文学家记录下来。今天我们知道，这实际上是一颗恒星爆炸产生的超新星。超新星极其耀眼，亮度超过太阳100亿倍。如此耀眼的超新星，

根据其光谱定出距离的Ia型超新星

可以在宇宙的深处被观测到。超新星很稀少，估计银河系里每100年可能有一颗。但是如果我们观测很多星系，那么还是能碰巧看到一些。

20世纪90年代初，由劳伦斯·伯克利实验室的索尔·珀尔米特领导的超新星宇宙学研究组，开始在茫茫太空中寻找远处的超新星。不久，由霍普金斯大学的亚当·瑞斯等人组成的高红移超新星研究组，也加入了竞争的行列。他们对选定天区进行曝光，然后再仔细比较和上次图像的异同。一旦发现超新星，就拍下它们的光谱。

超新星可以分成不同的种类，其中一种称为Ia型超新星。研究发现，这类超新星的亮度变化有规律可寻，可以从其亮度变化的快慢定出它本身的亮度。另一方面，我们也可以直接观测它看上去的亮度也就是视亮度，根据这两个亮度的比值，我们就可以定出它们的距离来。

这两个小组的天文学家吃惊地发现，遥远超新星的亮度比预期的暗。这意味着这些超新星的距离比预期的要远。

按照过去的理论，由于引力的作用，宇宙的膨胀速度会越来越低，这样，无论如何也不可能达到如此远的距离。要想解释观测结果，唯一的可能，是宇宙膨胀速度越来越快。普通的物质，甚至暗物质都只产生引力，使宇宙的膨胀减速，但有一些非常特别的物质，能产生斥力，使宇宙的膨胀加速。这个物质是什么呢？

这种使宇宙加速膨胀的神秘物质是如此特殊，宇宙学家们给它起了个特别的名字，叫做暗能量，以区别于一般所说的物质。

爱因斯坦曾经引入的

宇宙学常数就是一种暗能量。迄今为止，天文学家也不敢肯定，暗能量就是宇宙学常数。虽然有许多关于暗能量的假说，但是都不能很好地解释它的性质。

暗能量的发现，如此出乎人们的预料，1998年，它被评为当年度的世界十大科学发现之首。

尽管人们不了解暗能量是什么，但是由于它的存在，宇宙的膨胀并没有减速而是在加速，因此宇宙的年龄，比原来根据减速的假定估计出的数值要长。人们又开始对暴胀理论预言的平直宇宙充满信心。也许，宇宙的总密度确实等于临界密度，其中30%是物质，而余下的70%则由暗能量提供。

微波背景与平直宇宙

但是，对密度的测量毕竟是一种间接的办法。有没有办法直接验证宇宙的几何空间呢？

1995年，哥伦比亚大学一位新来的年轻教员马克·卡米央柯夫斯基作了一个学术报告，介绍了直接测量宇宙几何的办法，

这种新的测量宇宙几何的方法是，在平直空间的三角形中，如果我们已经知道边长，就可以知道对应的角度。如果是非平直空间，这个角度就会相应大一些或小一些。通过测量这个角度，就可以知道宇宙究竟是平直、闭合还是开放的。

我们所知道的宇宙微波背景辐射，恰巧也同样提供了精确检验宇宙几何的办法。我们知道，今天收到的背景辐射是多久以前发出的，乘上光速就是两个边的长度。如何知道另一个边的长度呢？

早期宇宙的微小不均匀性导致声波震荡，就好像投入池塘的石头会激起向外传播的波纹。我们知道从大爆炸开始到结束的时间，就可以算出波纹传了多远。现在要做的就是量出角度。如果宇宙是平直的，理论家们预言，微波背景辐射里的冷热斑点的尺寸应该是1度左右。COBE卫星无法看清这样小的角度。

大家知道用这个方法能确定宇宙几何后，许多

研究小组都抢着做实验，希望能测出宇宙的几何空间。美国航空航天局决定再发射一颗宇宙微波背景辐射卫星，这颗卫星被命名为"MAP"。负责研制的人，是曾在狄基小组工作过的威尔金森。

在研制卫星的同时，天文学家们也试图用气球或地面试验进行探测，尽管大气会造成一些问题，但是研制工作毕竟比卫星简单。

1998年12月29日，一批来自美国、意大利等国家的科学家，在南极放飞了一个体积达80万立方米的大气球。气球升入35千米的高空，在大气环流的作用下，围绕南极点飞行了11天后，回到了离放飞点不足50千米的地方成功降落。气球上携带着最新研制的微波背景辐射探测装置，科学家们对这次飞行观测收集的数据进行了近两年的分析，观测的结果表明，宇宙的几何空间正如暴胀理论预言的那样，完全是平直的。

虽然气球观测的结果令人兴奋，但是大家心里还

在南极成功放飞了探测微波背景辐射的大气球

是不踏实，因为在气球上的观测不能完全避免大气的影响，而且毕竟观测的只是一部分天区。

2001年6月30日，MAP卫星发射升空。卫星被送到距离地球一百多万千米的拉格朗日点上，在这里，太阳、地球、卫星始终在一条线上。卫星背向太阳和地球，缓缓扫描着天空，收集着来自宇宙深处的数据。2002年9月，威尔金森不幸因病去世，未能亲眼看到卫星数据的发表。美国航空航天局将卫星改名为WMAP，以纪念威尔金森的贡献。

2003年，WMAP第一年观测的数据发表了，与气球的实验结果非常一致，观测结果的精度也大大提高。我们终于知道，宇宙空间是平直的，暴胀理论得到了初步的证实。同时，宇宙的年龄和大尺度结构问题在这个理论框架内也得到了完满的解决。我们终于初步形成了一个自洽的、全面的大爆炸宇宙学理论。《科学》杂志把这评价为2003年度最重大的科学进展。

虽然大爆炸宇宙学的基本框架已经确立，但是还有许多问题并没有解决。为什么早期宇宙会发生暴胀？暴胀之前的宇宙是什么样的？除了暴胀以外，是不是还有其他的可能性？我们现在知道，暗物质和暗能量是宇宙中最主要的成分，但它们究竟是什么呢？对这些问题，我们仍然无法回答。

MPA卫星在太空拉格朗日点缓缓扫描

地球的力量——火山

我们居住的行星——地球，这是一个神奇的千变万化的世界，充满着各种自然奇观。但是地球本身还有比自然景观更奇特的东西。例如火山就是一种大自然的力量。

埃塞俄比亚的火山持续不断地喷发岩浆，被称为冒烟的山

火山，地球系统的一部分，它们一直在改变着地貌，在很大程度上决定了地球的生命起源。在地球面临最大危机的时候，是火山拯救了地球，它们甚至和生命相互依存，给地球生物提供了适宜生存的环境。

非洲东部的埃塞俄比亚是地球上最偏僻、最炎热的地方之一。火山在这里持续不断地喷发岩浆，这里的火山活动比地球上其他地方都要活跃得多。当地人称它为冒烟的山。全世界的科学家们都到这儿来研究这个火山，观看这里独一无二的景象。

在这里，科学家发现了一个揭示地球内部力量的窗口。

地质学家克利弗说道："埃塞俄比亚的这个火山大概是地球上最具特点的火山之一。它是一个熔岩湖，地球上极为稀有。地球内部不断喷射熔岩补充，从而形成一个永久的熔池。对它的研究只是在最近40多年才开始的，在我的一生中有幸看到了许多火山，但是我从没有见过在火山口能够形成一个永久的熔岩湖，为什么这个火山这么特别？要明白这个原因，我们需要下到火山口近距离地观看翻滚的熔岩。"

通过研究熔岩湖，科学家们想更多地了解地球内部热气的巨大力量。夜晚降临了，火山开始显露它的秘密。当熔岩湖开始加速运动的时候，一些有意思的事发生了：熔岩的运动遵循一种非常独特的模式。它从火山口的一边涌出来，当它冷却下来之后，便形成一层黑色的硬壳。然后，在湖面下岩浆运动的作用下，这个硬壳在熔岩湖的表面移动。最后，硬壳块又沉落下去。

我们在这里看见的熔岩温度非常高，它提醒人们地球内部温度极高，正是这种炽热为地球内部的运动提供了能量。

炽热的、不断涌动的熔岩

熔岩不断涌动的这个过程影响了地貌。但是地球的热气并不仅仅是为火山提供燃料。它持续不断地改变着这个星球的表面，并为地球上的复杂生命的产生创造条件。非常简单，在这个星球上，没有比它更有力量的了。

为了了解我们星球内部的巨大热源从何而来，我们必须回到45亿年前。那是地球诞生的时刻，体积差不多大的巨石在围绕太阳转动的同时不断发生碰撞。这种碰撞产生巨大的热量，这些岩石也给地球带来了大量的放射性元素。

最终，当星球的外层冷却下来，这些强大的热源被包裹到炽热的地核中。地球的中心大约有4 500℃，和太阳表面一样热，这就是地球巨大热量的来源。捕获在地球内部的巨大的热量至今仍然使火山不断喷发，仍然不断地释放着令人无法想象的巨大热量。

在经历过45亿年后，这种热量还大量存在。地球内部的热能使地表处于不断运动状态，创造了不断变化的自然景观。不像太阳系的其他行星，地球是一个不断毁灭又不断重生的世界。

地壳表面分成7大板块，剥离掉大西洋你会看到两个板块间，长长的分界线沿着海底一直延伸到海岸上，穿过冰岛。岩层曾经是连在一起的，但是由于地壳运动被撕裂开形成了一个巨大裂缝。只有地球内部的热能有这种力量分裂大陆。

地球内部的热量加热熔岩使它往上升，熔岩在靠近地表的地方朝两个方向散开，各自往一侧涌动，这时它的热量开始散失。最终，温度稍低的熔岩沉下去了。通过这种扩散过程地壳慢慢地被牵引开来，使陆地开始移动。

2.25亿年前，我们的地球看起来和现在是很不一样的，那时所有的大陆是连在一起的，是一整块的巨大陆地，也叫做盘古大陆。当大陆漂移时这块巨大的板块破裂开来，新的海洋形成了，这样就形成了我们今天的世界。但是大陆板块从来就没有停止漂移，在遥远的未来大陆

地球形成早期：巨石碰撞产生巨大热量。当地球外层冷却下来，强大的热源被包裹到炽热的地核中

最早的新西兰只是一些散落的小岛

太平洋板块与澳大利亚板块碰撞后，使散落的小岛连在了一起

板块将会重新结合成一个新的巨大的板块。

我们已经看到了板块分裂时发生了什么，但是当它们互相碰撞的时候，给人的印象会更加深刻，地球板块互相碰撞形成了雄伟壮丽的山脉。

当新西兰还是散落的小岛的时候发生了什么呢？太平洋板块和澳大利亚板块互相碰撞使这些小岛被连在一起，形成了我们今天熟知的新西兰版图。在碰撞地带大地变得崎岖不平形成了一座座山脉。

世界上所有雄伟的山脉都是像这样在板块碰撞时形成的。当你从太空中往下看时，你会发现地球表面是皱皱巴巴的，有欧洲的阿尔卑斯山脉、南美的安第斯山脉以及中亚的喜马拉雅山脉。

它们相对来说比较年轻，是在最近的板块碰撞中形成的。

地震具有让人毛骨悚然的破坏力，整个城市会在瞬间被摧毁，地球板块在创造雄伟的山脉时就会发生地震。

这一过程重复了上千万年，使喜马拉雅山脉变成了地球上最雄伟的山脉，而地球内部的热能还在推动着山脉不断地增高。

这些巨大的山脉处于持续不断地被攻击中，时间一长这种力量也许可以把它们完全摧毁，这种力量就是水，听起来这似乎不太可能。

水的力量是惊人的，只有当你在和激流作斗争的时候你才会明白河流的力量会有多大。河流把峡谷切开了，并且无情地侵蚀着岩石，峡谷在进一步变深。河流不仅仅侵蚀着岩石，它们还把山上的碎石运到大海里。它们的运送量是巨大的。

在南美洲，亚马孙河每年从安第斯山脉带走的碎石多达20亿吨，然后把它们沉积在大西洋。

从太空中看到地球表面皱皱巴巴的

在印度次大陆上，恒河从喜马拉雅山起源，每年大约要侵蚀掉10亿吨岩石，顺着河床往下移动3 000千米沉积在印度洋里。

如果不是板块运动建造着山脉，水也许最终会把地球上的陆地都侵蚀磨平。世界因为这两种永恒的运动在不断地变化着。

地球内部热能还以另外一种方式使地球发生着巨大的变化。

在地球形成早期，它看起来是很不一样的。土地是热的，火山运动永远地活跃着。地底的泥土带来许多化学物质，有毒气体从热气腾腾的池子里面冒出来。对我们来说，早期的地球像炼狱一般。

但也正是火山运动创造了适宜的环境，有了这样的环境，地球历史上许多重要的变化才发生了。火山给年轻的地球表层提供了热量、水以及丰富的化学物质。正是这些结合在一起，为地球发生惊人的变化创造了条件。没有人确切地知道这是怎么发生的，大约40亿年前地球成为了生命的摇篮。

海底深处的热液出口也是火山运动的结果

布鲁斯·毛顿（专家）说："没有时光机器能让我们回到从前，我们唯一能做的就是看看那些我们认为和以前相似的东西，这些温泉和地球早期存在的物质非常非常地接近，水温达到70℃，如果你把手指放进去的话，你的手一定会被烧伤。"

温泉里还充斥着有毒的硫化氢气体和少量的砷。这里面有成千上万的有机物，它们形成了橙红色的纤维质。对于橙红色纤维质里面的微生物来说，含毒性化学物质的水是极富营养的汤。

在地球早期这样的池子非常普遍，火山运动为生命的出现提供了必需的化学物质。在地底深处有着炽热的岩浆体，岩浆本身也在释放气体，比如二氧化碳和二氧化硫，这些都为细菌提供了食物，所以火山像是一个供应链，提供了所有原料，它们为整个进程提供了动力。

还有一个理论认为火山创造了另外一个地方，生命有可能在那里开始。比如说热液出口，这些热液出口也是火山运动的结果，但是它们是在海底深处发现的。这个理论支持了生命多样性的观点。但是人们认为在10多亿年前，热液出口产生的化学物和高温相结合刺激了生命的产生。

但是火山远远不只是

澳大利亚鲨鱼湾的叠层石，这些奇怪的圆拱形物是由一层层细菌组成的，叫做叠层石。在地球历史很长一段时间里它们是地球上最高级的生物

刺激了生命的产生，它们在孕育和保护生命方面起了至关重要的作用。

在地球的幼年，太阳不像今天这样温暖，实际上要比现在冷30％。照耀着这个行星的是比较弱的阳光，地球处在冰冻的危险中，是火山温暖了年轻的地球。但也并不是你想象的那样，喷出的熔岩并没有使地球全部地方变暖，是火山喷出的二氧化碳使地球变暖了。

今天我们认为二氧化碳是一种危险的气体，是温室效应的罪魁祸首。实际上二氧化碳对地球来说是至关重要的，它能使热量保留在大气层而不散失

到太空中。二氧化碳是一把双刃剑。

再看看我们的邻居火星。火星就是一个冰冻的荒地，平均温度只有−60℃，就是因为火星大气层没有足够的二氧化碳来保持温暖。另外一个极端就是金星，它表面的温度热得足以熔化铅，不仅仅是因为离太阳近，而是因为金星的大气层中的二氧化碳含量比地球的大气层多上几千倍。

早年的地球火山喷发现象比现在要多得多，因为地心太热了，火山运动提供了足够的二氧化碳弥补了阳光的不足，使年轻的地球没有被冰冻起来，

因而使早期的生命幸免于难。但这还不是火山为地球所做的全部，大概6亿年前火山运动还推动了地球历史上生物进化的飞跃。

澳大利亚的鲨鱼湾是地球上最古老的生命的发源地。这些奇怪的圆拱形物是由一层层细菌组成的，叫做叠层石。在地球历史很长一段时间里它们是地球上最高级的生物。

大约7亿年前地球开始变冷，冰河时代开始了，地球开始进入漫长的冬季。这一时期被称为雪球地球，因为整个地球就像冰雪覆盖的大雪球一样。

到木星去看看你就会明白那时的地球看起来是什么样的。

那时的海洋曾经被数百米厚的冰层覆盖，有的地方的厚度甚至有1千米左右。即使在最温暖的地区，气温

被冰雪覆盖的木星就如同雪球地球时期的地球

火山冲破冰雪的覆盖

也不过才-20℃~25℃，到处冰天雪地。

在雪球地球时期，最可怕的事情是地球将永远被困在大冰窖中，一旦冰雪完全覆盖地球，阳光的热量就会被折射到太空中，那么地球将不会再变暖了。

拯救了地球的是火山，即使冰雪覆盖了整个地球，火山还是会继续喷发。

随着火山的不断喷发，大气层里面的二氧化碳含量不断增多。直到大约6.3亿年前，二氧化碳层开始变得很厚能够捕获足够的热量，从而把地球从冰雪天地里解救出来。

地球开始解冻了。地球上刮起了猛烈的暴风雪，几百年后地球经历了历史上最极端的气候变化，冰房子变成了热房子，温度从-50℃变到了50℃。

幸运的是随着地球气候的逐渐稳定，地球开始

变得正常，一些袖珍型生物幸免于难，经历了漫长的雪球地球时期存活下来。

在雪球地球时期结束后很短的时间里，生命的历史发生了变革，大约5 000万年前埃迪卡拉生物群生活在海洋里，它们不用争夺食物，慢慢地进化成更复杂的动物。这些动物现在有坚硬的骨架和外壳，有大爪子和保护盔甲。地球从一个柔软和平的伊甸园变成了野蛮的你争我抢的世界，激烈地战争使得进化的速度越来越快。

埃迪卡拉生物群是进化史上一个重大的飞跃。

在20多亿年前，微生物占统治地位，现在，复杂的多细胞生物衍变成了纷繁复杂的新物种。这些动物和植物从占领海洋开始抢占陆地和天空。

火山结束了恐怖的雪球地球时期，这之后导致了一场进化大飞跃。但是在地球生命史上力量无穷的火山还有一个更重要的角色要扮演。这个角色对地球仍然是至关重要的，那就是为了使地球上的生物存活下来，火山和生物

之间结成了一个不可思议的共同体，它们共同调节了地球的温度。意大利埃特纳这样的破坏性的火山，实际上它可以通过控制大气中的二氧化碳含量来调节地球的温度。这个过程开始于一个大家意想不到的地方。

海洋中有很多被称做浮游动物的微小生物，用显微镜才可以看到它们的个体，但是当它们聚集在一起数量很大时就可以看到。

由于每年它们都大量地繁殖，所以海洋呈现出绿色。正是由于浮游生物如此之多，它们可以帮助改善地球的气候。海洋从

雪球地球时期结束后，生命的进化有了重大的飞跃：复杂的多细胞生物衍变成了纷繁复杂的新物种

浮游生物死后沉入海底，上千年后变成了石头

火山喷发是地球上最剧烈的活动

大气中吸收二氧化碳，浮游生物依靠二氧化碳来生存。当这些浮游生物死了以后就沉到海底，并在这待上上千年，慢慢地它们就变成了石头。这样大量的二氧化碳——这种让我们的星球保持温暖的气体就从大气中脱离出来，保留在海底。

如果这是故事的结尾，大气中的二氧化碳越来越少的话，我们的星球会变得越来越冷，幸运的是像埃特纳这样的火山不允许这样的事情发生。

埃特纳火山是一种特殊的火山，是在非洲板块和欧洲板块碰撞时产生的。碰撞时一个板块被迫挤压到另一个板块的下面，板块下降的时候岩石

层就变热熔化并释放出二氧化碳，在火山爆发的过程中二氧化碳又返回到大气层中。神奇的是生命和火山使大气中的二氧化碳的浓度达到平衡并且使我们的星球维持在一个合适的温度。

火山喷发是地球上最剧烈的活动。世界上最著名的火山之一美国的圣海伦斯火山过去一直很安静。但是巨大的火山口在压力的作用下，形成庞大的锥形岩石，圣海伦斯

埃特纳火山产生的示意图

火山正在酝酿一次喷发。1980年5月18日，在短短的几分钟时间内，280亿立方米的火山爆发了，瞬间掩埋了周围的村庄。

火山爆发会产生很多气体，然而这些气体的释放对地球来说却很重要，这是把岩石中存在的碳释放到大气中的关键，整个系统就像是一个自动调温器，为生命的存在提供一个合适的温度。

地球内部的热量对地球的形成史来说是最重要的。但自从地球在45亿年前形成以来，地球内部的热量一直想挣扎着释放出来，火山就是一个例子，地球上没有什么比火山爆发更引人注目、更具破坏力、更猛烈了。但是除了破坏力之外，还有更多的作用。它是我们的星球的生命推动力。

地球的力量——大气

我们居住的星球，之所以与其他星体不一样，就是因为地球有一层独特的大气圈的保护。离我们地面最近的大气层，充满了以上升气流和下降气流为主的对流运动，叫做"对流层"它也是大气中最稠密的一层。这里集中了大气中的大部分水汽，可以说是展示风云变幻的"大舞台"：刮风、下雨、降雪、台风、龙卷风、雷电等都是发生在对流层内。这里发生的飓风和台风，其实是一回事，只是因发生的地域不同，才有了不同名称。出现在西北太平洋和我国南海的强烈热带气旋被称为"台风"；发生在大西洋、加勒比海和北太平洋东部的就叫"飓风"。大气还给地球带来了季节的变化，使地球变得更加美丽。大气在保护我们的同时，又具有很强的破坏性。那么大气层究竟是怎样的面目呢？让我们一起来认识它。

地球

这是我们居住的行星——地球，这是一个神奇的千变万化的世界，充满着各种自然奇观。但是地球本身还有比自然景观更奇特的东西。

这里我们先来说说大气。大气气势磅礴、变化无常。它极具破坏性，同时又保护着我们。它对所有的生命来说很重要，但它也是由生命所创造的。

可是现在大气层正在发生变化，甚至可能会导致致命的后果。真正了解大气变得迫在眉睫。

大气保护着我们不受宇宙尘埃的侵袭。它是由氮气、氧气以及二氧化碳等气体组合成的混合体。大气由4个主要的大气层组成。为了去探寻大气层，就需要一种特殊的交通工具——一架可以飞得很高的飞机。这是一架典型的高速军用喷气机，在19世纪60年代一直用于高空飞行。

大气层的最底层是我们比较熟悉的，称为对流层。对流层厚度大约为十几千米，我们就生活在其中。对流层是一个充满暖湿气体的气层，富含氧气，对地球上的生命至关重要。但它又很不稳定，天有不测风云，说的就是这里的情况。

这架飞机能在几分钟之内穿过薄薄的对流层。

我们所处的纬度地区在大约12千米的高空，大气压只有地面的18%。到了13千米高的时候，飞机会穿过大气层无形的分界面，穿越对流层，进入平流层。

这里是一个完全不同的地方。这儿的大气很稳定并且非常的干燥，所

以这里几乎没有天气的变化。平流层是臭氧层的家，臭氧可以削弱到达地球的来自太阳的致命的辐射。

高速军用喷气机可以飞到15千米的高空，高度约是珠穆朗玛峰的两倍。这是这架飞机能达到的极限高度了。

此时几乎组成大气的90%的气体都在下面了。大气剩下的10%向宇宙延伸越来越少，直到从这往上85千米的太空。

但是大概50年前，有人到达的高度比这架飞机高得非常多，他以一种完全不同的方式体验了大气，前无古人，后无来者。

1960年8月16日，在人类踏上月球之前很长时间，

飞行员乔·基辛格独自一人到太空的边缘旅行了一次。他不是乘坐火箭，而是利用一个很大的氮气球，他到达了三十四千米的高空，他的高度已经到了平流层，是这架飞机到达高度的2倍。然后基辛格做了一件令人非常惊讶的事情，他跳下来了。

基辛格落到了地球上，他的速度达到了每小时1 000千米，但是他几乎什么都感觉不到。他说："我的耐压服上的布没有褶皱，这是一种超自然的感觉，我看不到任何东西作为参考，所以我觉得像是停留在太空里。只是当我返回到比对流层低一点的大气层的时候，我感觉到震耳欲聋，但是从我旁边飞驰而过的空气的轰鸣声消除了我的顾虑。"

最后基辛格打开了降落伞，这仍是历史上最高的自由落体。基辛格跳下来仅仅15分钟就到达了地面。从高达30千米的地方降落，基辛格经过了组成大气层的99%的气体。

落地后他说："十五分钟前我还在宇宙的边缘，现

在，我觉得那是在伊甸园。我们真的没有认识到，我们拥有多么美丽的星球。"

尽管基辛格从高达平流层的地方跳下来，但他仍然没有到达我们大气层的最远的边界。对流层上面是两种保护性的大气层，它们非常稀薄，几乎不存在，但是对我们的星球，甚至对于我们人类来说都无比重要。

对流层的外边大概50千米处，是第三个大气层——中间层，这是一个使我们免受陨石伤害的大气层。当我们看到流星的时候，那实际上是一颗陨石在大气层的高处燃烧。大部分流星都在中间层里燃烧殆尽了。

中间层也是一种夜光

云的奇怪现象的根源。夜光云是稀薄的纤细的云，在夏天地球的高纬度地区出现。只有在日落时被太阳从下面照的时候，才可以看得到。

最后从85千米处开始，是第四个气层——热层。之所以这么命名，是因为这里的温度可达上千摄氏度。这儿的大气如此稀薄，以至于100千米以外就

可以肯定地认为是宇宙的开始。正是在这个气层，航天飞机绕着地球飞行。也是在这之外，致命的太阳风被地球的磁场拦截，并使之转向了磁极，从而创造了极光——大自然最伟大的奇观之一。

大气的所有四个层对生命至关重要。

如果把地球表面的大气层展开，并把它变成一个球，就会发现大气层的体积很小。事实上，大气层的体积只是地球的5%，但是如果没有它，地球只会是另一个荒凉的星球。我们这些生命所居住的对流层只是一个十几千米厚的窄带，只是那条很细的围绕我们的星球的线。它是生命必需的、不同的气体的混合物，影响着我们

被迫在大陆的边缘上升。当空气冷却下来时形成云，然后在陆地上以每小时40千米的速度翻滚。这种云就是我们头上大气海洋的直接证据。像任何一种液体一样，大气层也有重量，这种压力被称为大气压。我们人体每平方厘米大约要承受一千克的重量。

我们没有被压毁，甚至感受不到这压力的唯一原因，是我们身体里的空气的压力和外界的压力达到了平衡。我们像在海底行走的龙虾，对上面的液体的重量可以毫不在意，那是因为我们已经适应了。如果你仍然怀疑大气层有液体的性质，然而有些人甚至尝试在上面冲浪。

无可否认地这与传统意义上的冲浪相比，有点挑战性，这就是为什么让像特洛伊·哈特曼这样的专家来尝试的原因。

哈特曼认为，现在空气是流体的，他确实正站在它的表面。

哈特曼不只是在大气中垂直地下降，他也可以水平地移动。

的日常生活，它又是如此脆弱，以至于我们都可以改变它。

要想了解我们所居住的对流层，那你就不能把大气层只看做气体，也应该把它当做液体来看。实际上，我们生活在大气的海洋中。就像在水中一样，对流层中空气像是在山尖流动，云就形成了。大气层的

海洋甚至有自己巨大的漩涡——龙卷风。美国堪萨斯州的卫星图片显示当时风速达到了每小时300千米。

对流层甚至有波浪。澳大利亚昆士兰的这种云实际上是世界上最大的波浪，它可以达到两千米高。它是有规则地形成的，当潮湿的海洋气团到达绵长的并且是直的海岸线时，

哈特曼说："我所需要做的，只是小小的动一动，这样就会改变我的位置，就像方向舵一样，天空是特洛伊的海洋。"

一旦你接受了大气是液体的观点，你就会意识到地球的大气层为什么能够塑造我们的星球表面的外形。甚至可以切割固体的岩石。

美国亚利桑那州的这些岩石被称为波浪，原因是显而易见的。这些巨大的曲线形状，看起来像是被水雕刻过，然而它们是由一种不同的流体的运动——风雕塑的。当风吹过沙岩的时候，在表面磨损出砂粒，并把它们携带走。这样风就好像是清洁布，擦过岩石的表面，刻画

出这些线条。

这个地方数十万年前就形成了，也许看起来是很长时间，然而从地质学的角度看来，这只是一眨眼的工夫。这只是展示了我们周围空气的基本力量，它在不停地工作，不停地塑造陆地。风大规模地塑造地球表面，当风猛烈地从一个地方吹过来的时候，它们可以塑造出巨大的山脊，这被称做是风蚀土脊。

但是风的冲刷不仅仅是塑造地形。当风吹过撒哈拉大沙漠的时候，蕴含丰富营养物质和矿物质的沙粒和粉尘，被扬到空气中并被吹过了大西洋，大部分都落进了海洋。这样就给海洋注入了矿物质营养，但还有一些被风带到了大西洋的彼岸，到了南

美的亚马孙雨林。实际上，每年都有4 000万吨粉尘被风从撒哈拉大沙漠带到亚马孙雨林。在这儿雨水把大气中的粉尘冲刷到雨林中，这是维持雨林正常生长的重要的营养源。

通过这种方式不断翻卷的大气层，对地球上生命的循环起着十分重要的作用。

但是我们周围不断翻腾的空气，以另外一种更直接的方式对我们的星球的运转起着作用。它创造了天气，所有天气的核心因素都是热量。所有的天气，从和缓的微风到猛烈的暴风雨，都是大气热运动的结果。这种大气热运动的规模是全球性的。云是由从海洋和大陆上蒸发的水分产生的。

天气的形式是复杂并且多变的，这是由于大气层和陆地、海洋，甚至冰川相互作用的结果。这些不同的力量的相互作用，在南美洲表现得很典型。

雷电以其巨大的破坏力给人类社会带来了惨重的灾难，尤其是近几年来，雷电灾害频繁发生，对国民经济造成的危害日趋严重。那么雷电是怎样形成的呢？我们现在去南美的阿根廷，看一看雷电的产生过程。

在阿根廷祭祀大地母亲的节日的这一天，阿根廷的村民们会举行热闹的庆祝活动。

这是一件很严肃的事情，因为这是一个献祭的节日，人们祈求有个好的丰收，他们恳求的上帝是大地之一 —— 天气的控制者。

这是有原因的。因为在阿根廷这个地方有世界上最猛烈的暴风雨。

科学家们通过统计每年发生闪电的次数，来确定哪儿是世界上暴风雨最猛烈的地方。也许看起来不是这样子，但是这个地方位列榜首。

吉姆是一位风暴观测员，这是他头一次来到阿根廷，他想感受一下这儿的风暴。他说："这里是风暴猎人的天堂。"

现在是一个很安静的景象，但是当你知道要关注什么的时候，你会发现，这里有酝酿一场风暴的所有条件。这里的地形是两种强大力量互相竞技的完美舞台，它们有截然不同的性质：一种是暖湿，一种是干冷。这种温暖湿润的空气是从亚马孙盆地过来的，又暖又湿、富含水汽。它与来自南极的冷空气迎头相撞，暖湿气流急剧抬升，产生了这些强烈的雷暴。这种冷暖气流产生的冲突是风暴的核心原因，但是这里的风暴异常猛烈，还有地形上的原因。

这里是安第斯山脉，地理状况也是促进雷暴形成的重要因素，两种气团碰撞时，来自亚马孙盆地的暖湿气流对上了来自南极的冷空气，交锋的同时，暖空气又被山脉抬升，于是形成了地球上最强烈的雷暴。吉姆试图赶到形成中的雷暴中心的下面，问题是山脉，山脉不仅使风

暴更加肆虐，也让吉姆追赶风暴更加困难。

暴风雨正在山里聚集。问题是当山脉使得这个地区形成风暴时，它也让吉姆很难去看到这些风暴。

闪电是空气团相互作用的结果。产生暴风云时，同时产生的湿气上升的时候，冷却小水珠凝固，有一些变成了小的冰晶，有一些变成了大一点的冰块。两种不同的冰相互碰撞产生了电，达到了一定程度以后产生了电场，接下来就会和地面接触。

不过雷电在大气层中越高就越难以琢磨，也就越壮观。它们被称为鬼神。

有一种闪电，它们不直接袭击地面，而是往上发射，有时在四五十千米高，高至平流层。因为发生在大气层高处，这种闪电很少有人见过。

大气的力量塑造了地球，创造了天气。但重要的是，大气在地球历史上发生过什么变化，以及大气与生命的关系到底如何？

45亿年前，在地球刚形成不久，大气圈就形成了。早期地球充满火山，

在亿万年中，这些火山喷发出大量气体，这些气体缓慢聚合创造了大气层。不过，那时的大气层根本不像我们今天熟知的大气层，它是二氧化碳、甲烷和有毒的硫化氢蒸汽聚合在一起的不折不扣的毒气，那里面没有人类赖以生存的氧气。这些致命的混合物，孕育某些东西长达20亿年。直到某些意料之外的事物开始改变大气层——原始的生命。

想知道原始生命如何改变大气吗？你需要前往一个地球上极少有的能找到原始生命的地方。生物学家马丁·范在西澳大利亚研究这些硕果仅存的古生命。

他来到了"鲨鱼湾"。这里的海里充满生命，生机勃勃。但马丁感兴趣的却是那些奇怪的块状物。它们太重要了，因为地球上所有植物、动物甚至人类都与它们有关。这些棕褐色的东西看起来相当怪异，实际上，却是真正的、非同寻常的极少见的活生物体。它们被称为层叠石，世界上只有几个地方有，其中研究它们最好的地方就是这里。某种意义上来说，它们曾经是最成功的生命。

层叠石曾经是地球上居于统治地位的生命，时间长达30亿年，遥遥领先于随后出现的人类、猛玛、哺乳动物和所有与后者类似的生物。对笔者来说，每次来到这里，都是一个走进历史长河的机会，感受早期地球的真实气息。

层叠石40亿年前出现，但说到底，它们是最简单的生命形式之一的细菌。外面一层是由显微镜下可以看到的无数生物体组成的，大部分是一种细菌，能吸收阳光的能量。这些细菌做了一件石破天惊的事情，它们吸收阳光，进行光合作用，分解了水的化学键，产生了一些将彻底改变地球面貌的东西，那就是它们发出了氧气。层叠石真的很特别，因为它们是最早的产生氧气的生命，而且是大量的。大概25亿年前，层叠石遍布世界各地的浅海，它们无一例外地都产生氧气，这导致了地球历史上一次天翻地覆的巨变。最终，我们的星球有了富含氧气的大气层，但是，事情的发展也不是

一帆风顺的。要想知道是什么阻止氧气进入到大气层，我们要朝澳大利亚内陆深入，虽然这一地区现在干燥和沙漠化，25亿年前这些岩石却是在海下形成的，它们是制造氧气的关键。

那时候，海水里溶解了大量铁。亚当·韦伯是研究这段早期地球历史的地质学者。亚当认为，当叠层石生成的氧气遇到铁，它们产生了化学反应，结果生成了大量的铁氧化物，也就是铁锈。铁锈沉入海底，层层堆积。

就是这种化学反应阻止了氧气离开大海。那时，这种铁锈曾在世界上到处都有，甚至最后就像铁矿一样。在含有铁矿的地层中，这种情况大量可见。

铁锈不断在洋底堆积，一层又一层地累积，结果产生了巨大厚重的岩石，这就是我们今天看到的情况。

我们今天开采的几乎所有铁矿，完全仰仗数十亿年前层叠石开始产生氧气，这似乎有些异想天开。但是这个过程不只发生在某个特别的地方，它的规模是全球性的，而且十分有趣的事情是，各地的造矿过程几乎都是同时发生的，因为层叠石使海中的含氧量不断提升。多亏有了这些不起眼的层叠石，我们至今仍然受益良多。汽车、火车、轮船、建筑甚至刀叉，诸如此类，都离不开钢铁。层叠石产生的氧气给我们的恩惠远远不止如此。

大约20亿年前，海洋中所有的铁都变成了铁锈，没有什么能再和氧气反应。那么氧气只能去一个地方，它离开海洋进入大气层。在地球上，没有一件事在生命故事上能和这件事相提并论。氧气做的第一件事是进入平流层给地球加上了一层重要的保护罩——臭氧层。

它保护地球免受来

自太阳的致命性紫外线辐射，使复杂生物能在地球表面繁荣生长。目前，南极洲上空有一个巨大的臭氧空洞，这是由于近年来的污染造成的，幸运的是空洞现在在减小。层叠石释放到大气层中的氧气不仅仅保护了地球，还使新物种的进化成为可能。这是因为氧气是高度活性的，能支持比细菌更有活力的物种。感谢富含氧气的大气层，地球最终变成了一个温馨的家园，开始适合多样性生物的居住。同时，最根本的是有了我们人类。一切的一切，都要感谢20多亿年前向大气层里释放氧气的层叠石。

地球上或许再没有任何其他生命能产生如此意义深远的影响，笔者的意思是它们改变了大气，使之能让我们呼吸，也想不出有什么其他生物曾经在地球上产生过类似这种深刻的改变。

看到氧气会影响一些比如人类繁殖这类基本的事情，你就会对我们依赖氧气的程度有所了解。

在阿根廷，有一些世界上最高的乡村坐落于安第斯山脉，许多乡村海拔超过3千米，安第斯人民世代居住在这里。但是最早的西班牙人到达这里时，他们遇到了麻烦，他们不能生育孩子。孩子一个接一个都流产了。

移民妇女生下第一个孩子，已经是53年以后的事了。原因就是——缺氧。

新来的西班牙人中，大多数人过去都在含有21%氧气的零海拔高度生活，但是在这里的高海拔地区，有效含氧量只有一半。

安第斯人适应了这一切，但是西班牙移民明显不行。

没人确实了解西班牙人如何解决了这个难题，也许问题并不复杂，和当地人通婚就可以了。不过，这些高海拔的村庄已经达到了人类适应能力的极限。5千米以上，人类就不能生育了。

氧气限制了我们这个

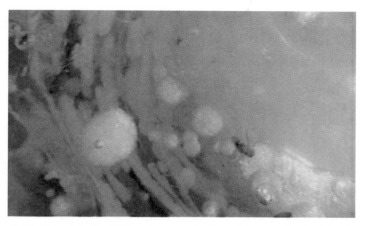

物种的存在。所以说，生命创造氧气，反过来，氧气戏剧性的又是生命必需的。也许你因此认为大气层里没有对我们有用的其他重要气体了，如果这样那你就错了。

还有其他气体对于我们在地球上的生存有重要意义。它们来自于地球另一种极具破坏性的力量——火山。当火山喷发时，致命但又十分重要的气体产生了，那就是二氧化碳。数十亿年来，二氧化碳在大气层中起着重要的作用，扮演着"热罩"的角色。

它把阳光带来的热量限制在地球上，使地球能保持温暖。没有这层二氧化碳，地球上的温度会降到−10℃，地球会变成一个冰封的世界。正是因为有

了像二氧化碳这样的温室气体，生命之花才能在地球上常盛不衰。

但是我们现在排放了过量的二氧化碳到空气中，因为燃烧碳基的矿物燃料比如煤矿、石油、天然气。翻开地球的历史，大气层中的二氧化碳浓度有所变化，使得整个地球的温度也发生改变。

事实上现在已经明确的是，一旦二氧化碳浓度上升，将会导致更多温室气体的产生。这会使得我们的气候产生难以预计的巨变。了解这一潜在危险的线索在西伯利亚。

西伯利亚地区也许是未来遏制全球气候变暖的关键。

这里是地球上最遥远和最寒冷的地方，多

年−40℃的低温，冻结了包括土地在内的一切。这片冰原下的永久冻土中，隐藏着潜在的气候灾难。

那就是甲烷。它是比二氧化碳要强得多的温室气体。危险在于，如果冻土因为全球变暖而融化，将会释放出大量甲烷。生态学家凯蒂·沃尔特相信，这种情况已经开始发生了，她正在研究这里的湖泊。甲烷里含有大量的有机碳，大量死掉的植物沉入湖泊底部，在湖底发酵，产生甲烷。

湖底的微生物以死掉的植物为原料产生甲烷。甲烷是它们消化过程中的副产品，从湖底沉淀物里升起，然后被禁锢在冰里。如果凯蒂是对的，我们应该能发现冰里到处是甲烷气泡。为了解决这个问题，凯蒂和助手来到了冰湖中央。他们首先清理了冰上的积雪，然后清洁冰面。这冰有一米厚，很明显冰里面截留着大量的气泡。

问题是如果里面的气体真是甲烷，冰不能截留这些气泡太长时间，当冰在春天融化时，气体就会逃走。

有一个方法可以检测这些气泡里到底有多少甲烷，因为它是可燃气体。在上面打一个洞，你就有了一道甲烷气流，大小取决于洞的大小。你点燃它的时候，会有一大团火焰。一定要小心，别烧了眉毛。这些气泡满地都是，这意味着这里有大量甲烷被截留着，这是一个严重的隐患。甲烷聚在一起，那将是很大容量的温室气体。如果进入大气层会导致严重的连锁反应，全球变暖导致永久冻土融化，这会生成更多的甲烷，使全球变暖加剧。这就像一个定时爆炸在倒计时。

这是一个相当大的定时炸弹。

这宽广的冰冻覆盖一个区域。面积超过950万平方千米，只比中国小一些。

如果永久冻土全部融化，会使大气层内甲烷总量增加10倍，肯定会加速全球变暖，但要了解确切的结果，目前没人能给出答案。

地球今天大气层的形成，花费了数十亿年。这段时间里，生命和大气层建立起了一个互相依赖的关系，现在我们为生命和环绕它的大气层之间的微妙平衡而恐惧。人类是首个有意识地改变大气层的物种，而且是刻意地大规模改变。

切尔斯基——离冰湖最近的城市，这里的人们也许希望地球变暖一些，但对我们其他人来说，后果是沉重的。对于地球，一个暖些的大气层并无新意，但是对于人类，这是一个未知的领域。因为面对大气层，这一所有力量中最变幻无常的力量，人类处在一个容易受伤害的位置。

从有了大气层和生命那天起，两者就形成了一种互相依赖的关系。今天，我们为两者之间微妙平衡的变化而感到恐惧，因为大气层是所有自然力量中最变化无常的，一旦处理不好，灾难随时会降临到我们的身上。请珍惜我们的大气层吧！